다양하고 놀라운 식물의 생존 전략

수상한 식물들

다양하고 놀라운 식물의 생존 전략

수상한 식물들

와일리 블레빈스 지음   김정은 옮김

다른

국립타이완대학 교정을 거닐면서 이 책에 대한 영감을 주신
제롬 수Jerome Su 교수님께 감사의 마음을 전합니다.
책을 집필하는 동안 많은 조언을 해 주신
뉴욕 식물원New York Botanical Garden 어린이 학교의
제임스 보이어James Boyer 부원장님께도 감사드립니다.

식물은 생각보다 복잡한 존재랍니다

입이 없어도 의사소통을 할 수 있고,
코가 없지만 냄새를 맡을 수 있고,
손이 없는데도 적을 공격할 수 있는 것!
과연 무엇일까요?

바로 식물입니다! 식물이라고 하면 여러분은 대부분 향기롭고 아름
다운 꽃이나 맛있는 과일, 채소 등을 떠올릴 겁니다. 가구나 종이처
럼 나무로 만든 물건들을 떠올릴 수도 있겠지요. 하지만 우리가 일상
에서 만나는 겉모습과 맛, 향기만으로 식물을 설명하기는 어렵습니다.
식물은 그보다 훨씬 더 복잡한 존재거든요. 식물들은 지금 이 순간에
도 살아남기 위해 전쟁을 벌이고 있습니다. 비옥한 흙을 얻으려고, 햇
볕을 더 많이 쬐려고, 땅속에 있는 영양분을 독차지하려고 매일같이
치열하게 싸우고 있어요. 하지만 주의 깊게 관찰하지 않으면 식물들
의 전쟁은 눈에 잘 띄지 않습니다. 아주 느리고, 조용하게 이루어지
기 때문입니다.

　식물을 연구하는 학문을 식물학이라고 합니다. 또한 식물의 행동
을 관찰하고 연구하고 기록하는 사람을 식물학자라고 불러요. 식물
학자들은 식물 세계의 놀라운 비밀들을 하나하나 밝혀내고 있답니
다. 고대 일본의 자객인 닌자처럼 아주 사나운 식물부터 비밀 요원이
나 사기꾼처럼 약삭빠르고 교활한 식물까지! 지금부터 흥미진진하고
놀라운 일들로 가득한 식물의 세계를 함께 탐구해 봅시다.

　어떤 식물들은 아주 고약한 냄새를 뿜어냅니다. '구린내 헬레보어

stinking hellebore'나 앉은부채skunk cabbage의 냄새를 맡으면 누구라도 인상을 찌푸릴 겁니다. 하지만 사람과 달리 곤충과 동물들은 이 냄새에 끌려 다가와서는 식물의 꽃가루받이, 즉 수분受粉을 돕습니다. 수분이란 식물의 생식 과정으로, 수술의 꽃가루가 암술머리로 운반되는 것을 말합니다. 수분이 이루어지지 못하면 식물은 번식하지 못해 멸종해 버리고 말지요.

어떤 식물들은 곤충을 유인하기 위해 곤충과 닮은 꽃을 피웁니다. 예를 들어 '미소 짓는 호박벌 난초laughing bumblebee orchid'는 오랜 세월 진화를 거듭한 결과 호박벌과 똑 닮은 꽃을 피우게 되었습니다.

부족한 양분을 보충하고자 고기를 먹는 식물도 있습니다. 무기물물, 흙, 공기, 돌 등 생명이 없는 물질이 부족한 토양에 서식하는 파리지옥venus flytrap은 생존하기 위해 고기를 먹습니다. 주로 곤충이 먹잇감이 되지요. 파리지옥은 곤충이나 작은 동물을 통째로 삼켜 버린 뒤에 살아가는 데 꼭 필요한 무기물을 흡수합니다. 또 리돕스lithops처럼 포식자를 속이기 위해 겉모습이 돌멩이처럼 진화한 식물도 있습니다.

어떤 식물은 이파리를 먹어 치우는 굶주린 동물들로부터 스스로를 보호하거나 혹독한 계절을 무사히 나기 위해 한동안 휴면 상태에 빠집니다. 휴면 상태에 빠진 식물은 마치 죽은 것처럼 보이지만, 사실은 죽은 것이 아니랍니다.

'교살자 무화과strangler fig'와 같은 기생식물은 아주 공격적인 방식으로 살아갑니다. 녀석들은 숙주식물에 달라붙은 채 영양분을 쪽쪽 빨

앉은부채는 독한 냄새를 뿜어내서 곤충을 유혹합니다. 냄새에 취해 날아온 파리와
벌, 딱정벌레는 암술과 수술을 오가며 꽃가루를 옮겨 주어 번식을 돕습니다.

식물은 생각보다 복잡한 존재랍니다

식물들은 씨앗을 넓은 지역에 퍼뜨리기 위해 여러 가지 방법을 사용합니다.
어떤 식물은 바람에 씨앗을 날려 보냅니다. 바람을 타고 멀리멀리 날아가던
씨앗이 땅에 내려앉으면 그곳에 새로운 개체가 뿌리를 내리고 자라납니다.

아들이는데, 근처의 햇빛과 수분까지 몽땅 독차지해 버리는 바람에 결국 숙주식물이 죽는 일도 많습니다.

씨앗을 널리 퍼뜨리려고 교묘한 술수를 쓰는 식물도 많습니다. 우엉burdock의 씨앗 꼬투리는 가시 같은 털로 뒤덮여 있어서 지나가는 동물이나 사람의 몸에 쉽게 달라붙습니다. 동물이 자기도 모르는 사이 씨앗을 다른 곳으로 옮겨 주면, 우엉은 그곳에서 움을 틔우고 자라납니다. 또한 과일나무 중에는 씨앗 꼬투리가 마치 작은 폭탄처럼 터지면서 씨앗을 넓은 구역에 퍼뜨리는 것도 있습니다. 더 넓은 지역에 종을 퍼뜨리려는 그들만의 전략입니다.

이처럼 교활하고 으스스하며, 때로는 폭력적이기까지 한 식물들이 지금도 여러분의 집 뒤뜰에서 자라고 있을지 모릅니다. 심지어 화분에 심겨 집 안으로 숨어들었을 수도 있어요. 어쩌면 동네 공원에서 녀석들을 우연히 마주칠지도 모릅니다. 물론 대부분의 사람은 이 세계를 거의 눈치채지 못하고 살아갑니다. 하지만 기이한 이야기들로 가득한 이 비밀스러운 세계는 오늘도 우리의 눈길을 기다리고 있습니다.

진화, 살아남기 위한 몸부림

"진화론의 눈으로 보지 않으면 생물학은 전혀 말이 되지 않는다." 우크라이나계 미국인 생물학자 테오도시우스 도브잔스키Theodosius Dobzhansky가 남긴 말입니다. 진화론이란, 특정한 생물 집단, 즉 종種이 여러 세대에 걸쳐 변화를 거듭한 끝에 환경에 적응한다는 이론입니다. 진화 과정을 최초로 발견한 사람은 영국의 저명한 생물학자 찰스 다윈Charles Darwin입니다. 그는 1859년 자신의 대표작인《종의 기원》을 출간하면서 진화론을 세상에 처음 알렸습니다.

진화는 다양한 과정을 통해 이루어지는데, 그중에서도 가장 흔한 것은 자연선택입니다. 자연선택이란 여러 세대를 거치면서 불리한 형질을 가진 개체는 도태되어 사라지고, 생존에 유리한 형질이 점차 흔하게 나타나는 현상을 말합니다. 이러한 과정을 통해 생물은 생존에 유리한 형질을 후손에게 물려줄 수 있지요.

구체적으로 살펴보면, 자연선택 과정은 유전자에 돌연변이가 나타나면서 시작됩니다. 유전자란 모든 생물의 세포 속에 들어 있는 DNA 데옥시리보핵산, deoxyribonucleic acid로 이루어진 화학적 결합물로서, 생물체의 성장과 행동, 번식을 전부 관장합니다. 부모 세대는 후손들에게 유전자를 물려주지요. 돌연변이란 바로 이 유전자에 나타나는 변화로, 후손들에게 전달됩니다. 돌연변이 중에는 해로운 것도 있지만 이로운

식물의 이름은 어떻게 정할까?

오랜 옛날부터 과학자들은 여러 가지 방법을 사용해 동물과 식물을 분류해 왔습니다. 하지만 초기 분류법들은 사용하기가 상당히 불편했다고 합니다. 동식물의 특징을 구구절절 나열한, 지나치게 길고 복잡한 이름을 사용했기 때문입니다. 이를 간소화하기 위해 18세기 스웨덴의 식물학자 카를 폰 린네Carl von Linné는 이명법二名法이라는 생물 분류법을 고안해 냅니다. 모든 생물에게 단 두 단어로 된 라틴어 이름을 붙여 준 것입니다. 이런 이름을 학명이라고 합니다.

　모든 동물과 식물의 학명은 자신이 속한 속屬 생물 분류의 한 단위과 종種 속을 나누는 더 좁은 단위의 명칭을 따서 짓습니다. 예를 들어 장미는 모두 장미속에 속하며 이를 라틴어로 로사 Rosa라고 합니다. 장미속은 다시 10여 종으로 나뉘며, 각각의 종에는 별도의 이름이 있습니다. 그러므로 장미의 학명은 로사 페르시카*Rosa persica*, 바베리잎장미, 로사 아르칸사나*Rosa arcansana*, 붉은덩굴장미, 로사 루비기노사*Rosa rubiginosa*, 스위트브라이어장미 등이 됩니다. 생물의 학명을 영문으로 표기할 때는 속명의 첫 알파벳을 대문자로 쓰며, 이름 전체를 이탤릭체로 쓰거나 밑줄을 쳐야 합니다. *Rosa arkansana*와 같이 이름 전체를 쓰기도 하지만, 속명을 줄여서 *R. arkansana*라고만 쓰기도 합니다.

진핵식물류(역)

식물계(계)

현화식물문(문)

쌍떡잎식물강(강)

장미목(목)

장미과(과)

장미속(속)

스위트브라이어장미
(로사 루비기노사, *Rosa rubiginosa*)

종

바베리잎장미
(로사 페르시카, *Rosa persica*)

것도 있으며, 별다른 영향을 주지 못하는 것도 있습니다. 별다른 이유 없이 나타나는 돌연변이가 있는가 하면 방사능이나 화학물질에 노출된 이후에 발생하는 돌연변이도 있습니다.

예를 들어 어떤 식물의 유전자에 돌연변이가 일어나면서 꽃이 아름답고 화려한 색으로 변했다고 해 봅시다. 꽃가루_{수꽃에서 만들어지는 아주} 작은 알갱이로, 꽃가루 속에 식물의 정자, 즉 수컷 생식세포가 있다. 식물이 번식하려면 꽃가루가 수꽃에서 암꽃으로 이동해야 한다.를 운반하는 곤충들은 이 식물로 점점 몰려들 것이고, 이 식물의 번식 가능성은 꽃 색깔이 덜 아름다운 것들보다 더욱 높아질 것입니다. 따라서 이 식물은 세대를 거듭하면서 아름다운 색깔을 내도록 하는 유전자를 후손들에게 점점 더 많이 물려주겠지요. 결국 이 식물 종 가운데 새로운 색깔의 꽃을 가진 개체들이 점점 늘어날 것입니다.

진화를 일으키는 또 하나의 과정으로 '이주'가 있습니다. 바람 같은 자연현상 때문에 식물과 그 유전자가 다른 지역으로 옮겨 가는 일이 있습니다. 예를 들어 강력한 폭풍이 일어나면 꽃의 정자를 담은 작은 알갱이, 즉 꽃가루가 아주 먼 지역까지 날아가기도 하지요. 꽃가루 속 정자는 새로운 지역에서 수정을 하여 씨앗을 만들어 냅니다. 시간이 흘러 씨앗이 싹을 틔우면 새로운 개체가 생겨납니다. 그리고 그 개체 속에는 먼 지역 식물의 유전자와 이 지역 식물의 유전자가 뒤섞여 있습니다. 결국 이 개체는 기존 식물들과는 유전적으로 완전히 다른 새로운 식물로 자라나게 되고, 이 땅에는 새로운 형질을 가진 새로운 세대가 나타나기 시작합니다.

'유전적 부동'이라는 진화 과정도 있습니다. 어떤 우연한 사건으로 생물 집단의 유전자 구성이 크게 변화함에 따라 진화가 발생하는 것을 말합니다. 예를 들어 산사태가 일어나 어떤 지역을 가득 채우고 있던 식물을 모조리 휩쓸어 버렸다고 해 봅시다. 이 식물들이 모두 사라져 버리자, 같은 종에 속하지만 유전자 구성은 약간 다른 식물이 그 자리를 차지하고 번성하게 되었습니다. 그러면 사라진 식물의 유전 형질은 점차 사라지고, 새로운 형질이 우세해질 것입니다.

식물의 생존 전략

식물이 생존하려면 빛과 물, 무기물, 공간 등이 필요합니다. 많은 식물이 이런 자원을 획득하기 위해 다른 식물과 경쟁할 수 있도록 진화했습니다. 땅 밑에서는 뿌리로 최대한 많은 물과 무기물을 흡수하려고 서로 경쟁을 벌입니다. 땅 위에서도 광합성녹색식물이 햇빛과 이산화탄소, 물을 합성하여 양분을 만드는 과정에 꼭 필요한 적당량의 햇빛을 차지하기 위해 서로 경쟁합니다. 심지어 화학전쟁을 벌이는 식물도 있습니다. 주변 토양에 독성 화학물질을 내뿜어 경쟁자의 숫자를 줄이고 더 많은 자원을 차지하려는 것입니다. 이를 '타감작용'이라고 합니다.

어떤 식물들은 초식동물로부터 스스로를 보호하는 방어 기술을 발달시켰습니다. 동물의 피부를 뚫을 수 있는 날카로운 가시로 몸을 보호하거나, 포식자가 자신을 먹이라고 생각하지 못하도록 위장하기도 합니다. 포식자들을 쫓아 버리기 위해 에틸렌 가스를 뿜어내는 녀석도 있습니다.

그런가 하면 진화를 통해 너무 습하거나 건조한 지역, 강수량이 너무 적거나 많은 지역, 기온이 너무 높거나 추운 지역 등 혹독한 환경에서 살아남은 식물도 있습니다. 예를 들어 아주 건조한 지역에 사는 식물들은 며칠 동안, 심지어 몇 달 이상을 휴면 상태로 지냅니다. 겉으로 보기에는 이미 시든 것처럼 보이지만, 사실은 에너지를 아끼고 있는 것입니다. 습도가 높아지면 이 식물은 다시 푸르고 건강한 모습을 되찾습니다. 몹시 추운 지역에 사는 식물들은 찬바람을 피하기 위해 최대한 땅에 달라붙어서 자라거나, 땅속 깊은 곳의 냉기를 피하기 위해 지표면 근처 얕은 흙에만 뿌리를 내립니다.

다른 유기체와 공생_{종류가 다른 생물이 같은 곳에서 살며 서로에게 이익을 주며 함께 사는 일}하는 식물도 있습니다. 예를 들어 많은 식물들은 수분하는 데 꼭 필요한 곤충과 새를 유인하려고 특정한 향을 풍기거나 위장을 합니다. 또 균근_{균류와 긴밀하게 얽힌 식물의 뿌리}을 통해 공생하는 식물도 있습니다. 이때 균류는 해당 식물의 뿌리에 대량 서식하며, 물과 양분을 공유합니다. 그 대가로 식물은 광합성으로 만들어 낸 포도당_{광합성의 결과 만들어진 당의 일종으로, 식물에게 꼭 필요한 영양분}을 균류에게 나누어 줍니다.

괜히 다르게 생긴 게 아니라고요!

잎은 식물이 식품을 저장하는 창고입니다. 식물의 잎에 존재하는 엽록소라는 녹색 색소가 이산화탄소와 물, 햇빛을 흡수하여 당분을 만들어 내거든요. 이를 광합성이라고 합니다. 광합성으로 만들어진 당분은 흙에서 빨아들인 무기물과 더불어 식물이 살아가고 자라고 번식하는 데 필요한 영양분이 됩니다.

식물이 광합성을 하려면 많은 빛이 필요합니다. 잎의 크기가 식물마다 다양한 것도 이 때문입니다. 예를 들어 울창한 우림에 서식하는 식물은 대체로 잎사귀가 엄청나게 큽니다. 열대우림의 키 큰 나무들이 하늘을 가려 버리는 탓에 바닥 근처에는 햇빛이 거의 들지 않는데, 이렇게 얼마 되지 않는 빛을 최대한 흡수하기 위해 잎이 커다래진 것입니다.

잎사귀의 모양도 제각각입니다. 둥근 잎이나 길쭉한 잎도 있고, 여러 갈래로 갈라진 잎, 또는 뾰족한 잎도 있습니다. 잎이 나는 모양도 다양해서, 두 개씩 짝을 지어 나거나, 일렬로 나기도 하고, 여러 개가 오밀조밀 무리 지어 나기도 합니다. 잎이 왜 특정한 모양으로 진화했는지를 알 수 있는 경우도 있습니다. 예를 들어 양치식물의 잎이 여러 갈래로 갈라진 건, 사이사이로 햇빛을 통과시켜서 아래쪽에 있는 잎도 빛을 받을 수 있게 하려는 것입니다.

열대우림처럼 비가 많이 오는 지역에는 잎사귀 끝이 뾰족한 식물이 많습니다. 빗물이 뾰족한 잎사귀 끝으로 쉽게 흘러내리는 이런 구조 덕분에 나뭇잎은 건조한 상태를 유지할 수 있습니다. 그래서 폭풍우가 몰아치는 동안에도 늘 호흡 양분을 에너지로 바꾸는 것을 할 수 있어 잎에 곰팡이가 생기지 않는답니다.

식물은 생각보다 복잡한 존재랍니다

아카시아나무는 포식자로부터 자신을 보호할 수 있도록 진화했습니다.
나뭇가지에 난 뾰족한 가시로 나뭇잎이나 껍질을 먹으려는 동물을 쫓아내거든요.
일부 아카시아나무는 나뭇잎에서 독성 물질을 뿜어내기도 합니다.

자손을 퍼뜨리는 다양한 방식

다른 모든 생물과 마찬가지로 식물도 종을 보존하려면 생식을 해야 합니다. 일부 식물은 유성생식, 즉 정자_{식물의 수컷 생식세포로 꽃가루 안에서 만들어짐}와 난자_{밑씨 안에서 생겨나는 암컷 생식세포}의 성적인 결합을 통해 새로운 생명을 만들어 냅니다. 꽃을 피우는 많은 식물이 여기에 해당하지요. 꽃에 있는 막대 모양의 수술대 끝에는 작은 주머니 모양의 꽃밥이 있는데, 여기에서 꽃가루_{화분}가 만들어집니다. 끈적끈적한 가루 형태의 꽃가루는 그 속에 있는 플라보노이드^{flavonoid} 화합물 성분 때문에 다양한 색깔을 띠게 되지요. 하지만 꽃가루는 대부분 노란색이며, 플라보노이드라는 명칭도 노란색을 뜻하는 라틴어 플라부스^{flavus}에서 따온 것입니다.

꽃가루 속에는 식물의 정자가 담겨 있습니다. 따라서 종자식물이 생식을 하려면 먼저 수술대에 붙어 있는 꽃가루가 난자를 품고 있는 암술로 이동해야 합니다. 암술은 암술대와 씨방으로 이루어지며, 수술과 한 꽃 안에 같이 있는 경우도 있고 따로 있는 경우도 있습니다. 일단 꽃가루가 암술에 도달하면 정자는 관 모양의 암술대를 따라 꽃 속으로 이동하여 씨방에 닿습니다. 씨방 속에는 밑씨가 있고, 정자는 밑씨 속에 있는 난자와 만나 수정합니다. 수정된 밑씨는 자라서 씨앗이 되며, 밑씨를 둘러싼 씨방은 과육이 됩니다. 복숭아, 사과, 토마토처럼 흔히 먹는 과일부터 옥수수, 콩 등의 곡식에 이르기까지 다양한 열매가 모두 이런 과정을 거쳐서 자란답니다.

하지만 수술대에 붙어 있던 꽃가루는 혼자 힘만으로 암술에 도달하지 못합니다. 외부의 도움이 반드시 필요하지요. 이때 등장하는 것이 바로 꽃가루 매개자, 즉 꽃가루의 이동을 도와주는 존재입니다. 꽃가루 매개자 중에는 벌, 나비, 나방, 새, 박쥐, 모기, 파리 등의 생물이 많습니다. 예를 들어 화려한 꽃 색깔에 매혹당한 벌과 나비가 백일홍 꽃으로 날아와 꽃가루로 뒤덮인 꽃밥에 앉습니다. 피튜니아처럼 달콤한 꿀을 품은 대롱꽃^{가늘고 긴 대롱 모양의 꽃}에는 목을 축이려는 새들이 자주 찾아오지요. 꿀벌 같은 일부 곤충들은 아예 꽃가루를 먹기도 합니다. 이렇게 새와 곤충들이 꽃을 이리저리 탐색하는 동안 꽃가루가 새와 곤충의 온몸에 달라붙습니다. 그리고 이들이 꽃에서 꽃으로 옮겨 다니는 동안 몸에 붙은 꽃가루가 다른 꽃의 암술에 떨어지면서 수분이 가능해집니다.

생물이 아닌 꽃가루 매개자도 있습니다. 물이나 바람도 꽃가루를 옮겨 줄 수 있거든요. 이런 형태의 수분은 잔디나 소나무, 야자나무 등에서 흔히 일어납니다. 이들 식물의 꽃은 흔히 볼 수 있는 꽃과는 생김새가 상당히 다릅니다. 바람이 불면, 수꽃^{male cone보통 나무 밑동이나 가지의 맨 아랫부분에서 옹기종기 자라남}에서 생겨난 꽃가루가 바람에 날려 암꽃^{female cone보통 나무 꼭대기나 가지 끝에서 자라남}으로 이동합니다. 그리고 그곳에서 수정이 이루어집니다. 암꽃과 수꽃이 서로 다른 위치에서 피는 것은 수정

같은 종에 속하는 종자식물이 수분하는 과정

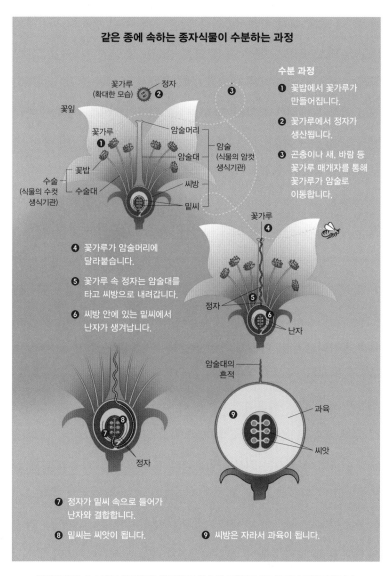

수분 과정

❶ 꽃밥에서 꽃가루가 만들어집니다.

❷ 꽃가루에서 정자가 생산됩니다.

❸ 곤충이나 새, 바람 등 꽃가루 매개자를 통해 꽃가루가 암술로 이동합니다.

꽃가루 (확대한 모습) · 정자 ❷

꽃잎

꽃가루 ❶ · 암술머리 · 암술 (식물의 암컷 생식기관) · 암술대

수술 (식물의 수컷 생식기관) · 꽃밥 · 수술대 · 씨방 · 밑씨

꽃가루 ❹

❹ 꽃가루가 암술머리에 달라붙습니다.

❺ 꽃가루 속 정자는 암술대를 타고 씨방으로 내려갑니다.

❻ 씨방 안에 있는 밑씨에서 난자가 생겨납니다.

정자 · ❺ · ❻ · 난자

암술대의 흔적

❼ · ❽ · 정자

과육 · ❾ · 씨앗

❼ 정자가 밑씨 속으로 들어가 난자와 결합합니다.

❽ 밑씨는 씨앗이 됩니다.

❾ 씨방은 자라서 과육이 됩니다.

종자식물은 수술에서 만들어진 꽃가루가 암술에 도착해야만 생식이 이루어집니다.
이때 곤충, 새, 바람 등이 암술과 수술을 매개하는 역할을 해 줍니다.

식물은 생각보다 복잡한 존재랍니다

을 좀 더 쉽게 하기 위해서랍니다. 낮은 곳에서 핀 수꽃의 꽃가루가 바람을 타고 올라가 높은 곳에 있는 암꽃으로 옮겨 가는 것입니다. 이런 과정을 거쳐 정자가 암꽃에 있는 난자를 만나면 수정이 이루어지고 암꽃 속에서는 씨앗이 자라납니다. 그러면 암꽃은 색깔이 변하면서 열매, 즉 구과毬果, cone 로 변합니다. 소나무의 열매인 솔방울이 바로 구과의 일종이랍니다.

열매나 구과 안에서 씨앗이 생겨난 뒤에도 번식을 위한 식물의 여정은 계속됩니다. 씨앗이 널리 퍼져서 흙에 안착해야만 발아씨앗에서 싹이 자라기 시작하는 것하여 새로운 식물로 자라날 수 있기 때문입니다. 씨앗이 퍼지는 방식은 다양합니다. 예를 들어 사과 열매는 중력에 이끌려 바닥으로 떨어지면서 조각납니다. 그러면 씨앗이 열매가 떨어진 자리에서 자라나겠지요. 민들레의 씨앗은 아주 가벼워서 바람을 따라 먼 곳까지 이동할 수 있습니다. 사철나무나 봉숭아 등의 식물은 씨앗 꼬투리가 마치 작은 폭탄처럼 터지면서 씨앗이 주변으로 널리 퍼집니다. 또한 동물이 과일을 맛있게 먹어 치운 뒤 씨앗을 뱉으면, 그 자리에서 발아하여 자라는 식물도 있습니다. 물론 씨앗을 과육과 함께 삼켜 버리기도 하는데, 그런 경우에는 동물이 배설을 하면 그 자리에서 씨앗이 자라납니다. 이 밖에도 일부 씨앗은 지나가는 사람이나 동물의 털과 피부에 달라붙어 새로운 장소로 이동한 뒤 땅에 떨어지면 그곳에서 싹을 틔웁니다.

식물들 중에는 무성생식, 즉 수컷 세포와 암컷 세포가 결합하여

꽃에 앉아 있는 호박벌을 아주 가까이에서 촬영한 사진입니다. 몸에 노란 꽃가루가
잔뜩 붙어 있지요. 벌이 이런 상태로 이리저리 꽃을 옮겨 다니다 보면,
꽃가루가 꽃의 암컷 생식기관으로 떨어지면서 수정이 이루어집니다.

식물은 생각보다 복잡한 존재랍니다

수정되는 과정을 거치지 않고 번식하는 것도 많습니다. 무성생식을 하는 식물은 혼자서도 번식이 가능합니다. 그 자손은 부모 개체와 유전적으로 완전히 동일한 개체, 즉 클론clone이 되지요. 무성생식을 하는 식물은 체세포분열을 통해 자손을 만들어 내고 번식합니다. 고구마, 수박, 딸기의 줄기처럼 기는줄기는 무성생식을 하는 대표적인 유형입니다. 기는줄기는 땅 위를 마치 기어가듯이 뻗어 가다가, 마디에서 새로 뿌리를 내리며 새로운 개체로 자라납니다. 또 다른 무성생식의 유형으로서 땅속에서 자손을 만들어 내는 식물도 있습니다. 뿌리줄기, 덩이줄기, 비늘줄기 등이 여기에 속합니다. 무성생식을 하는 식물은 꽃가루 매개자나 배우자가 없는 고립된 지역에서도 번식할 수 있고, 그 과정이 상당히 빠르게 이루어지므로 생존에 상당히 유리합니다.

나무 예술가

식물은 오랜 진화를 거치며 저마다 독특한 특성을 갖게 되었습니다. 하지만 사람의 손을 거치면 식물은 본래의 유전적 특성과는 다른 모양으로 자랄 수도 있습니다. 미국 캘리포니아에서 활동한 나무 예술가 액셀 얼랜슨Axel Erlandson은 살아 있는 나무를 일정한 모양이나 구조를 따라 자라도록 유도하여 특이한 모양의 나무를 만들어 냈습니다. 그는 나무를 하나의 예술 작품으로 탈바꿈시켰죠. 많은 사람이 세계 각지에서 얼랜슨의 '서커스 나무'를 보려고 캘리포니아로 몰려들기도 했습니다. 지금도 캘리포니아 길로이Gilroy 정원에는 얼랜슨이 만든 나무가 일부 살아남아 전시되어 있습니다.

얼랜슨은 살아 있는 나무를 자신이 원하는 모양으로 만들기 위해 주로 접붙이기를 사용했습니다. 접붙이기란 지난 수천 년 동안 이용해 온 재배 기술의 하나로, 고대 중국과 고대 중동 지방에서 기원했습니다. 일종의 무성생식으로서 나뭇가지 두 개를 연결해서 하나의 개체로 합치는 것입니다. 이때 연결하는 두 가지는 보통 같은 종에 속하는 것으로 씁니다. 뿌리와 연결되어 본체를 이루는 부분을 '대목'이라고 부릅니다. 반면 대목에 연결할 새순이나 가지 또는 줄기는 '접순'이라고 하지요. 먼저, 대목과 접순을 잘 이어붙인 뒤 단단히 고정합니다. 그리고 연결 부위에 밀랍이나 도포제해충으로 인한 피해를 막기 위해 나무의 가지나 줄기에 바르는 약제를 발라서 나무가 마르지 않게 보호해 줍니다. 시간이 흐르면 나무껍질 안쪽에 있는 부름켜나무껍질 바로 안쪽에 있는 조직으로, 세포의 생장이 일어나며 물과 양분의 이동이 일어나는 곳에서 새로운 세포가 생겨나면서 두 부분이 하나로 연결됩니다.

얼랜슨은 접붙이기를 통해 고리, 바구니, 번개, 심장 등 아름다운 모양의 다양한 나무를 만들어 냈습니다. 반면 농부들은 보통 식물의 특성과 식물이 자라는 조건을 원하는 대로 바꾸거나, 질병에 대한 저항력을 높이려고 접붙이기를 이용합니다. 접붙이기는 사과, 체리, 감귤류, 가지, 토마토 등의 농작물에 특히 자주 쓰인답니다. 먼저 생존에 유리한 특성을 가진 식물로 접순을 만든 뒤, 그것을 다른 식물의 대목에 접붙여서 새로운 품종의 농작물을 만들어 내는 것입니다.

사진 속 '바구니 나무'는 터키에 있는 작품으로,
접붙이기를 이용하여 나무 여러 개를 하나로 이은 것입니다.

식물은 생각보다 복잡한 존재랍니다

무성생식의 두 가지 유형

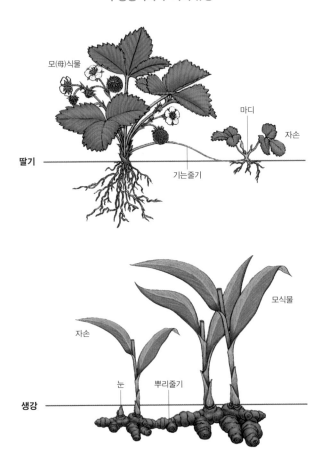

딸기는 땅 표면을 기어가듯이 뻗어 나가는 기는줄기를 통해 번식합니다. 기는줄기가 땅에
닿으면 마디에서 뿌리와 새순이 자라납니다. 반면에 생강은 땅속에 있는 뿌리줄기에 녹말과
당분을 저장합니다. 이 뿌리줄기의 윗면에서 새순이 돋아나면서 새로운 개체가 생겨납니다.

영양분과 에너지를 얻는 기술

식물은 광합성을 통해 스스로 양분을 만들어 냅니다. 광합성은 식물의 잎에서 일어나는 복잡한 화학작용으로서, 오로지 햇빛이 있는 낮에만 이루어집니다. 초록색 나뭇잎에 있는 엽록소라는 화학 색소가 햇빛으로부터 에너지를 흡수하기 때문입니다. 식물은 이렇게 흡수한 에너지를 공기와 흙에서 빨아들인 이산화탄소, 물과 결합하여 당, 녹말, 탄수화물, 단백질 등 광합성 산물을 만들어 냅니다. 그리고 이 광합성 산물은 다시 흙에서 빨아들인 무기물과 결합하여 생존에 꼭 필요한 영양분이 되지요. 광합성이 이루어지는 동안 식물은 부산물로 산소를 방출합니다. 나뭇잎을 통해 공기 중으로 방출된 산소는 인간과 동물이 호흡하고 살아가는 데 없어서는 안 되는 존재입니다.

그런데 식물 또한 동물과 마찬가지로 호흡을 합니다. 스스로 만들어 낸 양분을 산소를 이용하여 분해함으로써 성장과 생식에 필요한 에너지를 얻는 것입니다. 이때는 햇빛이 필요하지 않으므로 호흡은 낮뿐만 아니라 밤에도 이루어집니다. 식물이 호흡할 때는 부산물로 이산화탄소와 물이 방출됩니다.

식물은 뿌리를 통해 흙에서 물을 흡수한 뒤 줄기와 가지, 잎에 수분을 공급해 줍니다. 물은 광합성과 세포 성장을 위해 꼭 필요하며, 인, 칼륨, 질소 등 흙 속에 있는 필수적인 무기물을 식물의 각 부분으로 이동시켜 주는 중요한 존재이지요. 또한 햇빛으로 달아오른 식물의 몸을 식혀 주는 역할도 합니다.

뿌리에서 흡수한 물은 줄기를 타고 위로 이동합니다. 그리고 나뭇잎에 도달하면 수증기_{공기 중에 기체 상태로 떠 있는 수분}가 되어 증발_{액체 상태의 물이 수증기로 변하는 것}합니다. 이렇게 식물이 몸속의 수분을 증발시키는 작용을 증산작용이라고 합니다. 증산작용으로 잎에 있던 물이 증발하면 빨대 속의 물이 빨려 올라오듯 남아 있던 수분도 위로 이동합니다. 증산작용은 증발을 잘 일으키는 날씨, 즉 건조하거나 바람이 불거나 따뜻한 날씨에 더욱 활발하게 일어납니다.

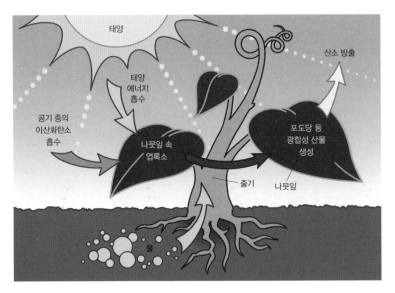

식물은 광합성 과정에서 태양에너지를 물, 이산화탄소, 미네랄과 결합하여 영양분을 만들어 냅니다. 그리고 호흡 과정에서 영양분을 성장과 번식에 필요한 에너지로 전환시킵니다.

식물호르몬

동물의 몸은 뇌와 호르몬의 지배를 받습니다. 동물과 달리 뇌가 없는 식물에게도 호르몬은 있습니다. 식물호르몬은 식물의 성장과 세포분열, 과일의 숙성, 휴면 등을 조절하는 역할을 하지요. 식물호르몬은 양이 굉장히 적지만, 언제 싹을 틔우고 꽃을 피울지, 어디에 뿌리를 내릴 것인지 등 식물의 성장과 관련된 모든 것에 영향을 줍니다.

대표적인 식물호르몬으로는 에틸렌ethylene, 시토키닌cytokinin, 옥신auxin, 지베렐린gibberellin, 아브시스산abscisic acid, 브라시노스테로이드brassinosteroid 등 여섯 가지를 꼽을 수 있습니다. 각각의 호르몬은 식물이 발육하는 과정에서 저마다 역할을 합니다. 예를 들어 일부 나무에서는 한쪽에서 열매가 익기 시작하면 에틸렌 가스가 방출됩니다. 그러면 그 나무에 달린 열매 전체가 동시에 숙성됩니다. 이런 시스템은 씨앗을 널리 퍼뜨리는 데 큰 도움이 됩니다. 잘 익은 열매가 주렁주렁 달린 나무는 동물들을 쉽게 불러 모을 수 있고, 동물들은 열매를 따 먹은 뒤 그 씨앗을 여기저기에 뱉거나 배설하여 번식을 도와주기 때문입니다.

주로 뿌리 부분에서 생겨나는 시토키닌은 식물의 세포분열을 관장합니다. 즉 어떤 세포가 어떤 부분으로 자라날지를 결정하며, 발아를 촉진하는 역할도 합니다. 옥신은 싹과 줄기가 위쪽으로 자라도록 조절하는 역할을 합니다. 지베렐린은 줄기와 잎이 성장하는 데 영향을 줍니다. 날이 따뜻해지고 낮이 길어지면 활성화되어 줄기와 잎을 쑥쑥 자라게 해 주지요. 봄이 되면 양배추의 잎이 잘 자라나는 것도 지베렐린 덕분이랍니다. 지베렐린은 씨앗과 싹, 꽃의 성장에도 관여합니다. 아브시스산은 조금 특이한 방식으로 식물의 발육을 조절합니다. 아브시스산은 식물의 성장을 막거나 싹의 생장과 활동을 정지시켜 휴면 상태에 빠지게 하거든요. 이는 식물이 극심한 추위나 가뭄 등 혹독한 환경에 노출되지 않도록 막기 위함입니다. 브라시노스테로이드는 사람들이 근육을 키울 때 쓰는 스테로이드제와 비슷합니다. 열매의 질을 높이고 생산량을 늘려 주는 스테로이드호르몬의 일종이지요.

괴상하고도 매력적인 식물의 세계

식물의 번식과 광합성, 호흡, 증산 과정이 이토록 복잡해진 것은 지난 수백만 년 동안 이루어진 진화의 결과입니다. 영양을 공급하고, 천적을 쫓아내고, 혹독한 환경에서 살아남아 번식하는 험난한 과정을 거치면서 식물들은 온갖 종류의 속임수를 발달시켰습니다. 식물학자들은 관찰과 실험을 거듭한 결과 이 비밀스럽고 놀라운 세계에 대해 조금씩 배우게 되었지요.

제가 처음으로 식물들의 다양한 생존 전략에 매료된 것은 타이베이Taipei에 있는 국립타이완대학에서 그 지역 교사들을 대상으로 강연을 하던 날이었습니다. 강연을 마친 뒤 저는 어떤 교수님 한 분과 함께 대학 교정을 산책했습니다. 교정에는 세계 각국에서 들여온 다양한 나무와 식물들이 가득했어요.

아마추어 식물학자이기도 한 교수님은 제게 여러 가지 진귀한 식물들을 자랑스럽게 보여 주었습니다. 그때 처음으로 본 것은 나무껍질에 돌연변이가 일어나서 몸통이 온통 커다란 가시들로 뒤덮인 나무였습니다. 나무껍질을 갉아 먹는 작은 동물들을 막기 위해 생겨난 변화였지요. 난생처음 보는 놀라운 모습에 할 말을 잃고 말았습니다.

두 번째로는, 쉽게 벗겨지는 껍질 덕분에 거대한 산불에도 살아남을 수 있다는 나무를 구경했습니다. 교수님은 어릴 적 이런 나무의 껍질을 벗겨서 글씨를 쓰거나 그림을 그리곤 했다며 자랑스러워했지요.

다음으로는 곤충과 비슷한 모양의 나뭇잎이 달린 식물을 보았습니다. 수분을 돕는 곤충을 유혹하기 위해 진화한 결과라고 했습니다. 눈으로 보면서도 믿을 수 없었습니다. 그때까지는 이토록 놀라운 식물이 존재한다는 사실을, 그리고 식물들이 살아남기 위해 끊임없이 투쟁하고 있다는 사실을 단 한 번도 배운 적이 없었거든요. 하지만 식물들은 오랜 세월 동안 우리 주변에서 마치 고대 일본의 검객 닌자처럼 아주 조용하지만 격렬하게, 때로는 서로를 죽이기까지 하며 전쟁을 벌이고 있었습니다.

이렇게 교정을 돌아다니며 진귀한 식물을 구경하는 동안 제 마음
속에는 괴상하고도 매력적인 식물의 세계에 관한 책을 써야겠다는
생각이 움트기 시작했습니다.

저는 대만에서 다양한 식물을 접하고 강렬한 영감을 얻었습니다.
그 후 정원을 사랑하게 되었죠. 사진을 찍은 곳은
미국 뉴욕에 있는 센트럴파크Central Park 정원입니다.

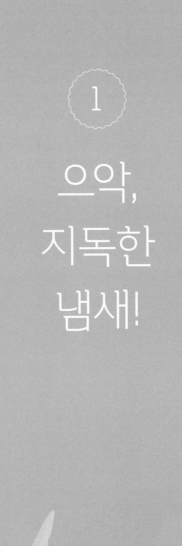

1

으악,
지독한
냄새!

여러분이 열대우림 속을
걷고 있다고 상상해 보세요.
앗, 그런데 이게 무슨
지독한 냄새일까요?

어디, 겨드랑이 냄새를 맡아 봅시다. 음, 여기서 나는 냄새는 아니군요. 그럼 옆에서 걷고 있는 친구에게서 나는 냄새일까요? 친구 녀석 몸에 대고 킁킁 냄새를 맡아 봅니다. 녀석이 범인일 수도 있으니까요. 그런데 이 녀석에게서도 아무 냄새가 나지 않네요. 그렇다면 이 고약한 냄새가 대체 어디에서 나는 것일까요? 범인은 바로 이 숲에서 가장 지독하고 역겹고 고약한 냄새를 풍기는 꽃, 캐리언 플라워carrion flower입니다. 여러분이 방금 캐리언 플라워의 꽃을 건드린 거라고요! 으, 냄새!

인도네시아 수마트라섬이 원산지인 캐리언 플라워는 타이탄 아룸 titan arum, *Amorphophallus titanium*이라고도 부릅니다. 꽃에서 썩어 가는 시체 냄새가 난다고 해서 '시체꽃'이라고도 해요. 얼핏 보면 거대한 꽃한 송이가 피어 있는 것처럼 보이지만, 실은 꽃자루에 꽃 여러 개가 무리 지어 피어 꽃차례꽃 여러 개가 꽃자루 하나에 모여 핀 형태를 이루고 있습니다. 타이탄 아룸의 구역질 나는 냄새 덕분에 동물들이 꽃을 먹으려고 접근하지 않는답니다. 제정신이라면 사람들도 절대 근처에 다가가지 않을 테고요. 하지만 썩은 고기 주변에 알을 낳는 파리와 딱정벌레 들은 죽은 동물이 썩어 가는 냄새에 이끌려 날아옵니다. 그 냄새를 어찌나 귀신같이 맡고 달려드는지! 그런데 사실 타이탄 아룸의 지독한 냄새는 곤충을 꾀어내기 위한 교묘한 술수입니다. 곤충들이 꽃 속을 이리저리 탐색하는 동안 꽃가루를 수술에서 암술로 옮겨 주어 꽃의 수분을 돕는답니다.

동남아시아에는 타이탄 아룸 말고도 고기 썩는 냄새를 풍기는 꽃들이 더 있습니다. 인도네시아와 말레이시아, 필리핀, 태국 등을 여행하다 보면 라플레시아rafflesia, *Rafflesia arnoldii*라는 꽃을 만날 수 있습니다. 라플레시아라는 이름은 영국 출신 정치인이자 탐험가로서 싱가포르를 국제 무역항으로 성장시킨 토머스 스탬퍼드 래플스Thomas Stamford Raffles의 이름을 따서 지어졌어요. 희귀하고 이국적인 라플레시아 꽃에서 나는 썩은 고기 냄새는 꽃가루 매개 곤충들에게 꽃의 위치를 알려 줍니다.

라플레시아 꽃은 세계에서 가장 큰 꽃이기도 합니다. 지름이 자그마치 1미터가 넘거든요! 화려한 주황색으로 매우 아름답지만, 일 년에 단 4일 동안만 활짝 피어 있다가 곧 쪼그라들어 거무죽죽하고 끈적끈적하게 썩어 버립니다. 꽃에서 풍기는 지독한 냄새가 파리를 유인합니다. 파리는 활짝 핀 꽃 속을 이리저리 탐색하며 온몸에 끈적끈적한 꽃가루를 묻히고, 그것을 암술로 옮겨 주며 꽃의 번식을 돕습니다.

라플레시아의 또 다른 독특한 특징은 잎과 줄기가 없다는 것입니다. 녀석은 땅에 딱 달라붙은 채 자라다가 테트라스티그마*Tetrastigma*라는 포도 덩굴을 파고들어 그 양분을 빨아 먹습니다. 잎도, 줄기도 없

타이탄 아룸의 꽃에서는 마치 시체가 썩는 듯한 냄새가 납니다.
하지만 이 냄새를 좋아하는 파리를 비롯한 여러 곤충들은 타이탄 아룸의
꽃 속에 알을 낳습니다. 그 과정에서 꽃의 수분을 돕습니다.

으악, 지독한 냄새!

라플레시아는 잎이 없어서 광합성을 하지 못합니다. 대신 포도 덩굴에 기생하며 영양분을
빨아들입니다. 꽃가루 매개 곤충을 유인하려고 꽃에서는 고기 썩는 냄새를 풍깁니다.

기 때문에 숙주식물의 몸 위에 거대한 꽃만 덩그러니 달려 있는 기이한 모습을 하고 있어요. 그런데 라플레시아가 애초에 다른 식물의 덩굴에 붙어서 자라게 된 까닭은 무엇일까요? 초록색 잎이 없는 라플레시아는 광합성을 통해 스스로 양분을 만들어 낼 수 없습니다. 그래서 숙주식물에 기생하며 살아갈 수밖에 없지요. 라플레시아는 생존과 성장에 필요한 모든 양분을 숙주식물에게서 얻습니다.

지중해 코르시카섬과 사르디니아섬에 자생하는 데드 호스 아룸 dead horse arum, *Helicodiceros muscivorus* 또한 꽃에서 썩은 고기 냄새가 납니다. '죽은 말'이라는 이름을 갖게 된 것도 바로 이 냄새 때문이에요. 꽃에서 나는 냄새가 파리를 유인하여 수분을 돕게 합니다. 데드 호스 아룸에게는 이것 말고도 엄청난 능력이 하나 더 있는데, 스스로 체온을 높일 수 있다는 것입니다. 몸속에 보일러를 달고 있는 거나 다름없습니다. 굉장히 드물긴 하지만 이처럼 호흡 과정에서 스스로 체온을 올릴 수 있는 식물이 몇몇 있습니다. 이렇게 만들어 낸 열기는 악취와 더불어 파리를 유혹하는 데 유용합니다.

파리는 데드 호스 아룸이 번식하는 데 아주 결정적인 역할을 합니다. 하지만 그 과정이 생각처럼 단순하지만은 않습니다. 데드 호스 아룸의 꽃의 수분 과정은 단 이틀 동안 이루어지기 때문입니다. 게다가 암술이 꽃가루를 받을 수 있는 날은 그중 첫날뿐입니다. 그런데 그날이 되어도 수술은 아직 꽃가루를 내보낼 만큼 성숙하지 못합니다. 다음 날 수술이 꽃가루를 내보내면 암술은 이미 시들어 버리고 말아요.

바로 여기서 파리가 중요한 역할을 합니다. 데드 호스 아룸은 딱 적당한 시점에 독특한 냄새를 뿜어내어 파리를 불러들입니다. 첫날 파리는 꽃 이곳저곳을 탐색하며 알을 낳을 자리를 찾습니다. 하지만 암술 부근에 도착한 파리는 꽃에 난 가시 때문에 밤새도록 꽃 속에 갇히고 맙니다. 그 시간 동안 파리는 다른 꽃에서 미리 묻혀 온 꽃가루를 암술에게 전해 줍니다. 다음 날이 되면 가시가 시들면서 파리는 꽃을 벗어날 수 있게 됩니다. 꽃을 떠나는 동안 파리는 수술을 지나치는데, 수술은 이제 꽃가루를 내보낼 준비가 된 상태입니다. 파리는 온몸에 꽃가루를 묻힌 채 또 다른 암술을 향해 날아갑니다. 하룻밤동안 꽃 속에 가두어 두는 것은 파리를 가장 효율적으로 번식에 이용하려는 전략인 셈입니다.

구린내에도 종류가 있다!

꽃에서 나는 구린내라고 해서 모두 똑같지는 않습니다. 아시아와 북미 지역에서 흔히 볼 수 있는 앉은부채 *Symplocarpus foetidus*의 영어 이름은 스컹크 캐비지skunk cabbage입니다. 앉은부채의 잎을 살짝 건드려 보면 왜 그런 이름이 붙었는지 단번에 알 수 있습니다. 나뭇잎의 신선한 향기 대신에 지독한 방귀 냄새가 순식간에 퍼져 나가거든요. 방귀 냄새는 꽃이 활짝 피었을 때 가장 진하게 풍깁니다. 파리와 벌, 송장벌레 같은 꽃가루를 옮겨 주는 곤충을 유혹하려는 것입니다.

이러한 동물과 식물의 공생 관계는 진화를 거치면서 적응해 온 결과물로, 흔히 볼 수 있는 일입니다. 식물은 곤충의 도움을 받아 수정하고, 곤충은 영양분이 풍부한 꿀 꽃의 꿀샘에서 분비되는 달콤한 액체로, 꿀을 먹고 사는 꽃가루 매개 곤충들을 유인한다.을 마시며 살아가는 것이죠. 반면, 식물을 먹거나 줄기의 단면을 만졌을 때 타는 듯한 느낌이 드는 것이나 고약한 냄새 등은 식물을 먹어 치우는 큰 동물들을 내쫓기 위한 효과적인 방어 체계입니다.

앉은부채 또한 데드 호스 아룸과 마찬가지로 스스로 열을 발생시킬 수 있습니다. 앉은부채는 체온을 바깥 기온보다 무려 20도나 더 높게 유지할 수 있습니다. 이 열기는 왜 필요할까요? 초봄이 오면 앉은부채는 열기를 방출하여 주변의 눈과 얼어붙은 땅을 녹입니다. 녹은 땅에 씨앗이 움을 틔우고 자라기 시작하지요. 이런 능력은 생존에 많은 도움이 됩니다. 따뜻한 봄이 되면 다른 식물들보다 더 빨리 자라서 흙 속에 있는 가장 좋은 양분을 독차지하고, 훨씬 많은 햇빛을 흡수하며, 꽃가루 매개 곤충을 더 많이 불러 모을 수 있기 때문입니다. 이런 말이 생각나는군요. "일찍 일어나는 새가 벌레를 더 많이 잡아먹는다!"

유럽 중남부 지방에 서식하는 구린내 헬레보어 *Helleborus foetidus*도 이름에 걸맞은 지독한 냄새를 풍깁니다. 평소에는 자극적인 냄새를 전혀 풍기지 않고, 밝은 녹색의 꽃은 꽃꽂이에 즐겨 사용될 정도로 아름답지만, 구린내 헬레보어가 스컹크 캐비지처럼 독한 냄새를 뿜어낼 때가 있습니다. 녀석은 지나가던 동물의 발에 잎이 밟혀 짓눌리면 엄청난 악취를 뿜어냅니다. 포식자를 쫓아내는 훌륭한 방어 체계를 갖춘 것입니다. 닌자를 방불케 하는 구린내 헬레보어의 술수는 이뿐만이 아닙니다. 씨방 속 꿀샘에 사는 효모는 구린내 헬레보어의 체온을 올립니다. 그러면 냄새나는 화학물질이 방출되고, 그 냄새에 이끌려 꽃가루 매개 곤충들이 꽃으로 날아듭니다.

좋지 않은 냄새를 풍기는 식물이라고 해서 겉모습까지 흉한 것은 아닙니다. 고약한 냄새가 나는 꽃 중에도 상당히 아름다운 것들이 많습니다. 여러분이 만약 호주를 여행하게 된다면, 그곳에 서식하는 화이트 플럼 그레빌리아white plum grevillea, *Grevillea leucopteris*라는 식물을 우연히 마주칠지 모릅니다. 아마 연노랑 꽃이 만발한 아름다운 모습에 넋을 잃겠지요. 하지만 속지 마세요. 가까이 다가가 보면 그 교활한 녀석의 몸에서 오랫동안 빨지 않은 양말 냄새가 날 테니까요. 실제로 녀석에게는 낡은 양말이라는 뜻의 '올드 삭스old socks'라는 별명이 붙었답니다.

이번에는 독한 냄새를 풍기는 아주 작은 친구를 만나 봅시다. 열대 지방에서 흔히 볼 수 있는 말뚝버섯과*Phallaceae*의 대곰보버섯입니다. 숲에서도 그다지 눈에 띄는 편은 아니지만, '악취 나는 뿔'이라는 뜻의 스팅크혼stinkhorn이라는 영어 이름을 가졌을 정도로 냄새가 지독합

대곰보버섯을 비롯한 버섯류는 미세한 포자 수백만 개를 퍼뜨려서 번식합니다.
포자 하나하나는 자라서 새로운 개체가 되지요. 사람들은 대곰보버섯의 냄새를
싫어하지만, 파리들은 냄새를 맡고 정신없이 달려들어 포자를 널리 퍼뜨려 준답니다.

으악, 지독한 냄새!

니다. 대곰보버섯은 다른 버섯들과 마찬가지로 식물이 아니라 균류에 속합니다. 균류란, 살아 있는 동식물의 몸이나 사체에 서식하면서 숙주의 몸에서 양분을 빨아들이는 유기체를 말합니다.

대곰보버섯은 포자라고 부르는 끈적끈적한 생식세포로 뒤덮여 있는데, 여기에서 인간의 분뇨와 비슷한 냄새가 납니다. 냄새를 맡은 파리들은 정신없이 달려들어서는 버섯을 덮고 있는 갈색 점액에 내려 앉아 달콤한 꿀을 마구 먹어 치웁니다. 그러는 동안 버섯의 포자가 파리의 소화기관으로 들어가기도 하고 몸에도 달라붙습니다. 이렇게 포자가 파리의 몸이나 배설물을 통해 널리 퍼지면 대곰보버섯은 점점 번성하게 됩니다.

뜨거운 녀석들

서모제네시스thermogenesis, 열 발생는 생물이 스스로 열을 만들어 내는 현상을 뜻하는 영어 단어입니다. 이 단어는 열을 뜻하는 그리스어 서모스thermos와 발생, 생성을 뜻하는 그리스어 제네시스genesis가 합쳐진 것입니다. 일부 생물은 이런 열 발생 과정을 통해 살아가는 데 필요한 열기를 만들어 냅니다. 예를 들어 사람은 추울 때 몸이 떨리면서 근육에서 더 많은 에너지를 발생시켜 체온을 올립니다. 식물이 열을 발생시키는 목적은 사람과는 다릅니다. 데드 호스 아룸이 열을 만들어 내는 것은 냄새를 뿜어내어 꽃가루 매개자들을 유인하기 위한 것입니다. 스컹크 캐비지는 주변 땅을 데워 초봄부터 움을 틔우기 위해 열을 발생시킵니다.

북미 지역에는 로지폴lodgepole 소나무 껍데기에서 기생하는 난쟁이 겨우살이라는 식물이 있습니다. 난쟁이 겨우살이의 씨앗은 성숙하면 열을 발생시키기 시작합니다. 이 열기는 열매를 시속 97킬로미터의 속도로 폭발시켜서 씨앗을 최대 9미터 거리까지 날려 버립니다. 날아가는 씨앗은 끈적끈적한 물질로 뒤덮여 있어서 로지폴 소나무의 솔잎에 쉽게 달라붙을 수 있지요. 솔잎에 붙어 있던 씨앗은 비가 오면 가지로 미끄러져 내려와, 그곳에 싹을 틔우고 소나무 껍질에 뿌리를 내립니다. 그러면 이제 새로운 난쟁이 겨우살이가 그곳에서 기생하며 살아가게 되는 것입니다.

난쟁이 겨우살이는 이런 식으로 살아남을 수 있었지만, 문제는 숙주식물인 로지폴 소나무가 난쟁이 겨우살이 때문에 결국 죽고 만다는 것입니다. 미국 농림부에서는 로지폴 소나무를 보호하기 위해 난쟁이 겨우살이를 억제하는 다양한 노력을 기울이고 있습니다.

지독한 냄새를 풍기는 과일

풍요로운 열대우림과 다양한 생태계생존을 위해 다양한 생물과 무생물이 서로 의존하면 서 살아가는 공동체. 식물, 동물, 수자원, 암석, 토양 등이 모두 생태계의 일부다.가 살아 숨 쉬는 아 시아는 매혹적인 식물들의 고향이자 냄새나는 식물들의 천국입니다. 그중에서도 가장 인기가 많은 식물은 아마 두리안나무*Durio zibethinus*일 것입니다. 두리안나무는 인도네시아, 말레이시아, 브루나이 등에서 흔 히 볼 수 있는 과일나무로, 그 열매는 과일의 왕이라고도 불릴 만큼 인기가 많습니다. 하지만 두리안 열매에서는 썩은 양파나 썩은 생선 냄새, 하수구 냄새와 비슷한 냄새가 납니다. 그런데도 많은 사람이 훌 륭한 맛 때문에 두리안 열매를 무척이나 좋아하지요. 물론 모든 사람 이 좋아하는 건 아닙니다.

어떤 사람들은 지독한 냄새 때문에 맛을 볼 엄두조차 내지 못합니 다. 심지어 말레이시아와 싱가포르를 비롯한 일부 동남아시아 국가에 서는 공공장소에서 두리안을 먹는 행위가 불법이라고 합니다. 지독한 냄새가 주변 사람들을 불쾌하게 만들기 때문이지요.

그런데 두리안 열매에서 나는 냄새는 꽃가루 매개자들을 유인하 기 위한 것이 아니라, 씨앗을 더 널리 퍼뜨리기 위한 것입니다. 돼지 나 오랑우탄, 코끼리, 호랑이 등은 진화를 거쳐 두리안과 공생 관계 를 이루게 되었습니다. 이들은 두리안 열매를 주기적으로 섭취하는

동남아시아 보르네오섬에 사는 오랑우탄이 두리안 열매를 먹고 있습니다.
오랑우탄을 비롯한 몇몇 동물들은 두리안의 고약한 냄새에도 아랑곳하지 않고
열매를 맛있게 먹습니다. 그 후 씨앗을 땅에 배설하여 나무의 번식을 돕습니다.

데, 지독한 냄새 때문에 두리안 열매를 피하는 것이 아니라 오히려 냄새로 열매가 어디에 있고 얼마나 잘 익었는지 파악합니다. 열매를 먹은 동물이 배설을 하면 씨앗은 소화되지 않은 채 땅에 떨어집니다. 그 씨앗에서 싹이 트면서, 결국 새로운 두리안나무가 곳곳에 자라나게 됩니다.

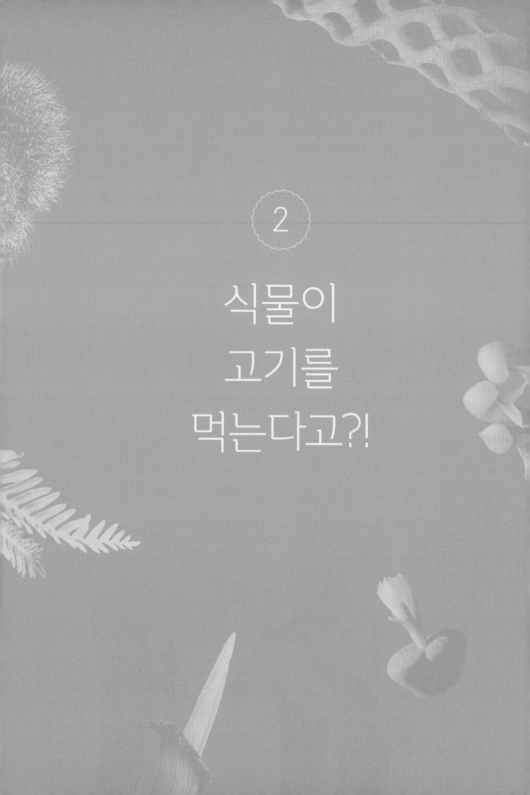

2

식물이
고기를
먹는다고?!

숲을 산책하는 건 기분 좋은 일입니다.
그런데 가끔 숲길을 거닐다 보면,
혹시 회색곰이나 사자가 나타나는 건
아닐까 하는 걱정이 문득 떠오르기도 하지요.

하지만 아무리 겁쟁이라고 해도 식물에게 잡아먹힐까 봐 걱정하는 사람은 아무도 없을 겁니다. 그런데 여러분 그거 아세요? 이 세상에는 실제로 고기를 먹는 식물이 있습니다!

지구에는 무려 700여 종의 육식식물이 있습니다. 이들은 늪이나 습지처럼 무기물이 거의 없는 혹독한 지역이나, 땅속 깊은 곳까지 뿌리를 내리기 어려운 산악지대에 서식합니다. 이런 곳에 사는 식물은 땅에서 충분한 양분을 얻을 수 없기 때문에 다른 곳으로 눈을 돌릴 수밖에 없습니다. 그래서 파리, 개미, 거미, 달팽이, 귀뚜라미 같은 곤충이나 작은 동물을 포획하고, 꼼짝 못 하게 가두고, 소화하는 능력을 익히게 되었지요.

육식식물은 질소와 인이 풍부한 곤충을 주로 잡아먹기 때문에 흔히 벌레잡이식물이라고 불립니다. 하지만 일부는 개구리 같은 작은 동물을 잡아먹기도 합니다. 물론 여러분은 마음을 놓아도 됩니다. 사람을 잡아먹는 식물은 어디에도 없으니까요.

모든 벌레잡이식물은 먹이를 잡기 위해 덫을 이용합니다. 그중 일부는 '능동적인 덫'입니다. 곤충을 빨아들이거나 잎을 재빨리 접어서 속에 곤충을 가두어 버리는 방식이지요. 반면 몸을 전혀 움직이지 않고 벌레를 잡는 '수동적인 덫'도 있습니다. 이들은 식물 내부로 들어온 곤충을 미끄러운 벽이나 끈적끈적한 물질을 이용해서 가둡니다.

곤충들아, 조심해!

가장 널리 알려진 벌레잡이식물은 바로 파리지옥 *Dionaea muscipula* 입니다. 미국 노스캐롤라이나 North Carolina 주와 사우스캐롤라이나 South Carolina 주가 원산지인 파리지옥은 필요한 양분의 상당 부분을 광합성을 통해 스스로 만들어 냅니다. 하지만 이 지역의 토양에는 질소가 부족합니다. 파리지옥이 곤충을 섭취하는 것도 바로 이 질소를 얻기 위해서입니다.

파리지옥의 잎에서는 곤충을 홀리는 향긋한 꿀이 분비됩니다. 이 파리 안쪽에 감도는 붉은 색깔 또한 곤충을 유혹합니다. 색깔은 꽃가루 매개자들의 시선을 사로잡는 중요한 수단으로, 여러 가지 색깔은 저마다 다른 곤충이나 동물을 유혹합니다. 예를 들어 나비는 주황이나 노랑, 빨강 등 밝은 색깔을 선호합니다. 반면에 벌은 밝은 파랑과 보라색에 더 끌립니다. 또한 벌새는 빨강과 보라를 좋아합니다. 파리지옥 잎을 물들인 선명한 빨강색은 곤충들을 유혹하는 화려한 네온사인이나 다름없습니다. "여기 끝내주게 맛 좋은 꿀 있습니다!"

파리지옥의 아름다운 모습과 잎에서 풍기는 향긋한 냄새에 이끌려 파리 한 마리가
내려앉았습니다. 꿀을 찾고 있군요. 하지만 머지않아 잎이 오므라들면서 파리는 갇힌 신세가
되고 말 것입니다. 그러면 파리지옥은 파리의 몸에서 필수영양소인 질소를 흡수하겠지요.

하지만 그 속에는 엄청난 위험이 도사리고 있습니다. 파리지옥은 달콤한 꿀을 찾아 이파리 안쪽에 내려앉은 파리를 머리카락처럼 가느다란 자극털로 붙잡습니다. 잎과 자극털이 재빨리 오므라들면서 곤충을 덫 안에 가두는 거예요. 곤충은 맛있는 먹이를 얻으려다가 자신이 먹이가 되어 버리고 맙니다.

파리지옥의 덫이 닫히려면 곤충이 자극털을 20초 안에 두 번 이상 건드려야 합니다. 이처럼 식물이 특정한 촉각이나 떨림에 반응하는 성질을 감촉성<small>감촉으로 인해 일어나는 식물의 움직임. 파리지옥이 곤충을 잡기 위해 잎을 닫는 현상이나, 동물이 만지면 잎이 축 처지는 현상 모두 감촉성의 일종이다.</small>이라고 합니다. 곤충이 붙잡히면 잎에서는 소화효소가 분비됩니다. 음식물을 소화하려고 사람의 위에서 분비되는 소화액과 비슷한 물질이지요. 소화효소는 곤충 몸의 부드러운 부분을 분해하고 영양분, 특히 질소를 빨아들입니다. 파리지옥이 곤충 한 마리의 양분을 전부 흡수하는 데에는 약 12일 정도가 걸립니다. 모든 영양소를 빨아들인 뒤에는 덫이 열리면서 곤충의 외골격, 즉 껍질이 떨어져 나옵니다.

통발의 저녁 식사

통발은 파리지옥처럼 능동적인 덫을 이용해서 먹이를 잡는 식충식물 토양에 부족한 질소와 황 등의 양분을 얻고자 곤충을 섭취하는 식물입니다. 자그마치 200종이 넘는 통발속Utricularia 식물이 지구에 살고 있어요. 통발이 곤충을 사냥할 때 사용하는 도구는 잎에 붙어 있는 포충낭, 즉 물방울 모양의 벌레잡이 주머니입니다. 크기가 약 1.2센티미터도 채 안 되는 작은 주머니지요. 통발은 광합성을 하지만, 산성 토양이나 물에 서식하기 때문에 광합성만으로는 충분한 양분을 얻을 수 없습니다. 그래서 곤충에게서 얻는 영양분이 반드시 필요하답니다.

연못이나 호수, 습지 등에 서식하는 통발은 늘 물에 잠겨 있습니다. 포충낭 한쪽 끝을 감싸고 있는 막에서 달콤한 꿀을 분비해서 아무것도 모른 채 다가오는 곤충이나 올챙이를 유혹합니다. 꿀 냄새를 맡은 곤충이 다가와 막에 난 감각모를 건드리면 그 순간 주변의 물이 주머니로 빨려 들어가면서 곤충은 순식간에 포충낭 속으로 빨려듭니다. 물이 일으킨 소용돌이로 포충낭이 닫히고 곤충이 옴짝달싹할 수 없는 신세가 되는 데에는 채 1초도 걸리지 않습니다. 통발은 세계에서 가장 빠르게 움직이는 식물이에요. 그 후 몇 시간, 심지어 며칠에 걸쳐 소화효소가 분비되면서 곤충의 부드러운 조직을 소화합니다. 그런데 통발이 곤충을 잡아먹는 건 부족한 무기물을 보충하기 위해서만은 아닙니다. 통발은 자신을 먹어 치울 수도 있는 포식자를 미리 잡아 먹어 버립니다. 일종의 방어 행동인 셈이죠.

그런가 하면 벌레잡이통풀피처플랜트, pitcher plant이라는 식충식물도 있습니다. 벌레잡이통풀에는 네펜데스속, 사라세니아속 등 여러 개의 속, 60여 종에 이르는 다양한 식물이 속합니다. 모두 길쭉한 잔 모양의 잎이 달려 있지요. 잎의 생김새는 비커 모양부터 목이 좁은 와인병 모양, 키가 크고 얇은 샴페인 잔 모양, 작은 램프 모양에 이르기까지 종에 따라 매우 다양합니다. 그리고 이 길쭉한 잔이 바로 곤충을 잡는 덫입니다. 파리 같은 곤충들이 아름다운 색깔과 달콤한 꿀 향기에 이끌려 잔 모양의 잎 속으로 날아 들어갑니다. 하지만 들어가기는 쉬워도 나오기는 굉장히 어렵습니다. 벽이 아주 미끄럽기 때문입니다. 계속해서 미끄러지다가 결국 나오지 못한 곤충은 바닥에 고인 소화효소에 빠져 죽고 맙니다.

벌레잡이통풀을 반으로 갈라서 들여다보면 소화되다 만 파리의 사체를 볼 수 있을지도 모릅니다. 녀석은 곤충의 영양분을 최대한 흡수한 뒤, 소화되지 않고 남은 부분을 통 속에 그대로 두거든요. 벌레잡이통풀 중에는 작은 동물을 잡아먹는 것들도 있습니다. 예를 들어미국에 서식하는 트럼펫 피처플랜트trumpet pitcher plant는 이따금씩 작은 개구리를 먹습니다. 개구리는 곤충을 잡아먹으려고 통 속에 숨어 있다가 도리어 피처플랜트의 먹이가 되고 말아요. 피처플랜트에서 반쯤소화된 쥐와 작은 새가 발견된 일도 있다고 합니다.

벌레잡이통풀은 주로 파리 같은 곤충을 먹습니다.
하지만 가끔 개구리가 미끄러져 소화효소에 빠지는 일도 있어요.
다시 기어오르지 못한 개구리는 벌레잡이통풀의 먹이가 되고 맙니다.

휴, 십년감수했네!

일부 식물은 곤충을 잡아먹지는 않지만 곤충을 수분에 이용하고자 벌레잡이식물과 비슷한 방식으로 곤충을 유인합니다. 대표적으로 쥐방울덩굴 *Aristolochia*이라는 식물이 있습니다. 나무처럼 딱딱한 덩굴에 파이프 담배처럼 생긴 꽃이 피어 더치맨 파이프dutchman's pipe라고도 불리며, 전 세계 곳곳에서 쉽게 찾아볼 수 있습니다. 쥐방울덩굴은 썩은 고기 냄새를 강하게 풍겨서 파리 같은 곤충을 유인합니다. 그러고는 끈적끈적한 꽃을 이용해서 곤충을 도망가지 못하게 가둡니다. 하지만 곤충을 먹지는 않습니다. 다만 온몸이 꽃가루 범벅이 될 때까지 가두어 둘 뿐이지요. 시간이 흐르면 끈적끈적한 털이 수축하면서 곤충을 놓아줍니다. 그러면 곤충이 또 다른 쥐방울덩굴 꽃으로 날아가서 꽃가루를 전해 주지요.

호주에는 플라잉 덕 오키드flying duck orchid, 즉 '날아가는 오리 난초'라는 특이한 이름을 가진 식물이 있습니다. 쥐방울덩굴처럼 수분하기 위해 곤충을 잠시 잡아 두었다가 놓아주는 식물로, 적갈색 꽃이 마치 날개를 퍼덕이는 오리처럼 보입니다. 수컷 잎벌은 꽃의 생식샘에서 분비되는 화학물질 냄새를 맡고 날아와서는, 그 꽃을 암컷 잎벌이라고 착각합니다. 수컷 잎벌이 꽃에 내려앉으면 플라잉 덕 오키드는 그 무게와 움직임을 감지하고, 입술 모양의 꽃잎으로 곤충을 탁쳐서 꽃 속으로 떨어뜨립니다. 앞서 살펴본 감촉성의 또 다른 사례이지요. 이제 암컷을 찾던 수컷 잎벌은 꽃을 암컷이라고 여기고 짝짓기를 시도합니다. 이를 의사 교접, 즉 가짜 짝짓기라고 합니다. 그 과정에서 수컷 잎벌의 몸에 붙어 있던 꽃가루가 꽃 속으로 떨어지면서 수정이 이루어집니다. 얼마 후 수컷 잎벌은 다시 온몸에 꽃가루를 묻힌 채 덫에서 풀려나고, 또 다른 꽃으로 날아가 다시 수정을 돕습니다.

플라잉 덕 오키드의 꽃은 마치 날아가는 오리처럼 생겼습니다. 하지만 수컷 잎벌은 꽃에서 풍기는 향기 때문에 꽃을 암컷 잎벌이라고 착각합니다. 수컷 잎벌이 꽃과 짝짓기를 하려고 시도하는 동안 꽃은 잎벌을 잠시 가두어 둡니다. 그동안 잎벌은 꽃가루를 온몸에 묻히거나, 이미 묻혀 온 꽃가루를 떨어뜨려 꽃의 수정을 돕습니다.

끈적끈적한 관계

끈끈이주걱*Drosera*은 남극대륙을 제외한 모든 대륙에서 서식합니다. 그중에서도 양분이 부족한 땅에서 쉽게 찾아볼 수 있어요. 끈끈이주걱의 잎은 아주 작은 털로 뒤덮여 있으며, 각각의 털끝에는 물방울처럼 반짝거리는 점액식물이 만들어 내는 끈적끈적하고 걸쭉한 물질로, 수분을 보존하거나 씨앗을 퍼뜨리거나 양분을 저장하는 데 중요한 역할을 함이 매달려 있습니다. 이 점액은 향도 맛도 달콤하지만 실은 곤충을 잡는 효과적인 무기입니다.

끈끈이주걱의 잎에 작은 파리 같은 곤충이 내려앉으면 점액에 발이 달라붙어 움직이지 못 하게 됩니다. 벗어나려고 발버둥치는 곤충의 움직임을 감촉성으로 알아차린 끈끈이주걱은 천천히 잎을 안쪽으로 오므리면서 곤충을 더욱 옴짝달싹 못 하게 붙잡습니다. 또한 점액에는 곤충의 몸을 즉시 녹여 버릴 수 있는 소화효소가 들어 있습니다. 효소가 곤충을 분해하면 끈끈이주걱은 곤충의 부드러운 조직에 포함된 질소와 인을 흡수합니다.

끈끈이주걱은 전혀 위험해 보이지 않으며 오히려 아름답기까지 합니다. 벌레잡이제비꽃 *Pinguicula vulgaris*의 보랏빛 작은 잎도 마찬가지로 위험과는 거리가 멀어 보입니다. 하지만 겉모습만 보고 판단하는 건 어리석은 일이죠. 벌레잡이제비꽃의 잎에서는 끈적끈적한 점액이 분비됩니다. 점액을 물이라고 착각하고 잎에 내려앉은 초파리와 각다귀

끈끈이주걱의 끈적끈적한 잎에 푸른 실잠자리 한 마리가 붙잡혔습니다. 곧 실잠자리의
몸에 든 질소와 인 성분이 끈끈이주걱에게 풍부한 양분을 공급해 줄 겁니다.

는 끈끈이 덫에 몸이 달라붙어 붙잡히고 맙니다. 그러면 벌레잡이제 비꽃은 소화효소를 분비하여 곤충을 먹기 시작합니다. 마치 흡혈귀가 사람의 피를 빨아 먹듯이 곤충 몸에 있는 질소와 인을 빨아들여요. 결국 남는 건 곤충의 빈 껍데기뿐인데, 바람이 휙 불면 땅으로 툭 떨어지고 맙니다.

코브라 백합의 교묘한 술책

북부 캘리포니아와 남부 오리건에 서식하는 코브라 백합*Darlingtonia californica*의 잎은 무시무시합니다. 마치 적을 공격하려는 코브라의 머리처럼 구부러진 관 모양이거든요. 심지어 아래쪽에는 송곳니처럼 생긴 잎까지 매달려 있어서 더욱 으스스합니다. 잎에서는 곤충을 유인하는 달콤한 향기가 풍깁니다.

곤충은 먹이를 찾으려고 머리 모양의 관 속으로 기어들어 가다가 결국 관 아래쪽까지 내려옵니다. 이제 출구를 찾으려던 곤충의 눈에 마치 작은 창문이 난 것처럼 빛이 새어 들어오는 것이 보입니다. 하지만 이 가짜 창문은 잎 사이에 벌어진 아주 좁은 틈에 불과해서, 빛은 들지만 곤충이 탈출할 정도로 넓지는 않습니다. 그런데도 너무나 필사적인 곤충은 머리를 이 틈에 부딪히고 또 부딪히다가 결국 탈진하여 미끄러운 벽면을 타고 바닥으로 떨어지고 맙니다. 거기에는 더 큰 위험이 도사리고 있습니다. 아래쪽으로 나 있는 날카로운 털 때문에 아무리 노력해도 도저히 기어 올라갈 수 없거든요. 완전히 지친 곤충은 결국 관의 맨 밑바닥으로 떨어집니다. 소화효소가 가득 들어찬 곳이죠. 곤충은 결국 이곳에서 생을 마감합니다. 코브라 백합은 죽은 곤충의 부드러운 조직에서 질소와 인을 흡수하며 번성합니다.

코브라 백합은 무시무시한 코브라를 닮았습니다. 곤충들에게는 실제로 코브라만큼이나 무서운 존재이지요. 달콤한 꿀을 얻기 위해서 관 모양의 잎 속으로 기어들어 간 곤충은 끝내 탈출하지 못하고 소화효소가 가득 찬 관 밑바닥에서 죽음을 맞이합니다.

3

종류도
다양한
식물의 무기

영화 <007> 시리즈의 주인공 제임스 본드는
악당들로부터 스스로를 보호하기 위해 다양한
도구를 사용합니다. 적을 공격할 때 쓰는 표창,
폭발 장치가 달린 펜, 단검이 달린 신발, 악당에게서
도망칠 때 쓰는 로켓 벨트를 몸에 지니고 다니지요.

일부 식물도 제임스 본드처럼 무기를 사용합니다. 이들의 무기는 주로 독이나 가시, 적의 몸을 옥죄는 덩굴 등입니다. 그중에는 식물의 잎이나 껍질을 갉아 먹는 포식자들로부터 스스로를 보호하기 위한 무기도 있고, 동물들에게 짓밟히는 것을 막기 위한 무기도 있습니다. 겉보기엔 그다지 위협적으로 보이지 않지만, 그 효과는 매우 큽니다. 독이 있는 열매부터 위협적인 가시에 이르기까지, 그 종류도 다양한 식물의 무기! 웬만하면 건드리지 않는 편이 좋을 겁니다.

긁히고, 찢기고! 뾰족뾰족한 가시

중국과 동남아시아에 서식하는 목면나무 *Bombax ceiba* 도 강력한 무기를 장착한 식물입니다. 목면나무는 줄기가 곧고 키가 크며, 아름다운 붉은 꽃을 피웁니다. 꽃과 열매는 나무 꼭대기 쪽에 달리지요. 봄이면 씨앗을 담은 홀씨주머니가 터지면서 새하얀 솜 같은 목화 섬유를 뿜어냅니다. 그런데 목면나무의 몸통은 원추형 가시로 촘촘히 둘러싸여 있습니다. 동물들이 나무껍질 안쪽의 부름켜를 갉아 먹지 못하게 하려는 것입니다. 부름켜는 영양분이 풍부하여 나무의 생존에 필수적인 조직이랍니다. 따라서 목면나무에게 가시는 없어서는 안 될 매우 효과적인 방어 체계입니다.

가시로 뒤덮인 또 다른 식물로, 온대 지방과 아열대 지방에 서식하는 호랑가시나무*Ilex cornuta*가 있습니다. 호랑가시나무의 잎은 모양이 다양합니다. 일부는 매끈하지만, 일부는 그 끝이 날카롭고, 심지어 뾰족뾰족한 가시들로 완전히 뒤덮인 잎도 있습니다. 가시가 많은 잎일수록 나무 아래쪽에서 자라는데, 이는 날지 못하는 동물들을 효과적으로 막기 위함입니다. 물론 새들은 날카로운 가시에 찔리지 않고도 부리로 붉은 열매를 쪼아 먹을 수 있지요. 하지만 사슴이나 염소처럼 몸집이 큰 동물들은 뾰족한 잎에 찔릴까 봐 호랑가시나무 근처에는 얼씬도 하지 않습니다. 그런데 맛있어 보이는 붉은 열매를 우연히 입에 넣게 된다면 어떤 일이 벌어질까요? 호랑가시나무의 열매에는 약하긴 해도 독성이 있어서, 사람을 비롯한 몸집이 큰 동물들이 열매를 먹으면 설사나 구토를 일으킵니다.

산사나무*Crataegus monogyna*는 유럽과 아프리카 일부 지역, 아시아의 온대 지방에서 자랍니다. 산사나무도 방어를 위한 뾰족한 가시가 있습니다. 하지만 산사나무의 가시는 다른 나무와는 비교도 할 수 없을 정도로 큽니다. 최대 13센티미터까지 자라거든요! 아프리카와 아시아, 호주의 열대우림에서는 산사나무의 가시가 자그마치 30센티미터까지

호랑가시나무는 몇 단계의 방어 체계를 가지고 있습니다. 먼저 뾰족한 가시가 가득한
잎으로 포식자를 물리칩니다. 또한 열매는 약하긴 해도 독성이 있습니다.

자라기도 합니다. 공상과학소설에 나올 법한 괴짜 의사의 주삿바늘처럼 무시무시하겠지요? 뾰족뾰족한 가시로 뒤덮인 산사나무의 줄기는 주변에 있는 나무를 휘감으며, 태양을 향해 위로 자라납니다. 호주가 원산지인 버팔로 아카시아나무buffalo acacia, *Acacia phlebophylla*의 가시도 산사나무의 가시처럼 굉장히 깁니다. 동물이든 사람이든 근처를 얼씬거리다가는 깊은 상처를 입을 수 있습니다.

독한 식물들

식물에게는 또 다른 방어 체계도 있습니다. 공기 중으로 독성 물질, 즉 해로운 화학물질을 내뿜는 것입니다. 예를 들어 아카시아나무는 화학물질을 이용해 잎을 먹어 치우는 포식자들을 몰아냅니다. 영양이나 들소, 기린처럼 거대한 포유동물의 위협을 받으면 아카시아 잎에서는 타닌tannin이라는 독성 화학물질이 분비됩니다. 그리고 동시에 에틸렌 가스가 함께 뿜어져 나옵니다. 에틸렌 가스는 근처에 있는 다른 아카시아나무들에게 포식자가 나타났음을 알려줍니다. 놀랍게도, 아카시아나무는 서로 냄새를 맡을 수 있거든요! 그러면 주변의 다른 아카시아나무들도 함께 에틸렌 가스를 뿜어냅니다. 일부 아카시아종은 에틸렌 가스가 분비되면 잎에서 나오는 화학물질의 독성도 높아집니다. 또 다른 아카시아종은 에틸렌 가스를 맡으면 타닌 성분으로 가득한 잎을 축 늘어뜨리기도 합니다. 이런 변화를 감지한 동물들은 위협을 느끼고 자리를 뜹니다.

버드나무 *Salix koreensis* 또한 화학 신호를 이용해 포식자를 쫓아내는 식물입니다. 적이 나타나면 버드나무에서는 아스피린과 유사한 화학 물질인 살리실산 alicylic acid이 분비됩니다. 살리실산의 냄새는 곤충을 쫓아내는 데 효과적입니다.

리마 lima 콩 *Phaseolus lunatus*은 더 교활합니다. 딱정벌레가 잎을 먹기 시작하면 리마콩은 화학물질을 내뿜어 딱정벌레를 잡아먹는 거미 같은 곤충을 유인합니다. 먹이가 있다는 신호를 받은 포식자들이 리마콩 나무를 찾아오면 딱정벌레는 맛있는 먹잇감이 되고 맙니다. 딱정벌레는 잡아먹히고, 리마콩은 살아남는 것이죠.

토마토도 리마콩과 비슷한 전략을 씁니다. 애벌레가 잎을 아삭아삭 갉아 먹기 시작하면 토마토는 화학물질을 뿜어내어 기생 말벌을 유인합니다. 119에 도움을 청하는 셈이지요. 냄새를 맡고 찾아온 말벌은 애벌레 위에 알을 낳습니다. 그리고 알이 부화하면 새로 태어난 말벌의 애벌레가 자기 아래에 깔려 있던 애벌레를 잡아먹어 버립니다. 그런데 식물은 자신을 공격하는 게 무슨 곤충인지를 어떻게 알 수 있을까요? 과학자들에 따르면 식물은 곤충이 잎을 먹으면서 분비하는 소화액을 감지해 어떤 곤충인지 알아챈다고 합니다.

시안화물 cyanide은 자연에 존재하는 가장 위험하고 무서운 독으로 손꼽힙니다. 흔히 청산가리라고도 하지요. 적국의 포로가 된 많은 전쟁범죄자들이 시안화물이 든 알약을 삼켜서 자살하곤 했습니다. 그런데 잎에 시안화물이 들어 있는 식물이 있습니다. 남극대륙을 제외한 모든 지역에서 흔히 볼 수 있는 식물, 바로 고사리*Pteridium*입니다. 곤충들마저도 치명적인 독 냄새 때문에 고사리 근처에는 다가가지 않습니다. 실수로라도 고사리를 먹으면 잎 속에 든 독성 물질 때문에 눈이 멀거나 암에 걸릴 수 있거든요. 그런데도 말이나 소 같은 동물들은 먹을 것이 없을 때 이 치명적인 식물을 먹습니다. 중국, 일본, 그리고 우리나라 사람들도 어린 고사리 줄기를 즐겨 먹지요. 하지만 고사리 섭취는 위암 발병과 관계가 있다고 하니 주의해야 합니다. 고사리를 가열하여 잘 익히면 독성 물질이 대부분 제거된다고 해요. _옮긴이

파슬리parsley과 식물인 큰돼지풀giant hogweed, *Heracleum mantegazzianum*은 사람에게 대단히 위험합니다. 최대 4.5미터까지도 자라는 이 거대한 식물은 중앙아시아 지역에서 흔히 볼 수 있습니다. 큰돼지풀은 먹어도 아무 탈이 없지만, 만졌을 때는 얘기가 다릅니다. 큰돼지풀의 수액나무줄기와 뿌리, 이파리 등에서 발견되는 액체로, 식물의 몸 전체에 물과 무기질을 전달해 준다.에는 푸라노쿠마린furanocoumarin이라는 독성 화학물질이 들어 있기 때문입니다. 이 물질은 빛에 민감해서, 큰돼지풀의 수액이 묻은 채 햇빛에 노출되면 피부는 화상을 입고 물집이 생깁니다. 생각만 해도 고통스러울 것 같죠! 게다가 화상은 피부조직을 괴사시켜 몇 년 동안이나 없어지지 않는 거대한 보랏빛 상처를 남깁니다. 심지어 독성 물질이 눈

에 들어가면 일시적으로 앞을 보지 못할 수도 있습니다. 하지만 그이름에 걸맞게, 돼지들은 큰돼지풀의 수액이 묻어도 아무런 일도 생기지 않습니다.

아무리 우아하고 고상한 사람이라도 침흘리개풀slobber weed, *Pilocarpus pennatifolius*을 먹으면 주체하지 못하고 침을 뚝뚝 흘리게 됩니다. 독성은 없지만, 침흘리개풀에 들어 있는 독특한 화학물질이 인간과 동물의 신경계에 침투하여 침을 과도하게 만들어 내라는 신호를 보내기때문입니다. 그 정도는 참을 수 있다고요? 침을 한바탕 흘리고 난 뒤에는 어지럼증과 구역감 등 불편한 증상들이 나타난다고 하는군요.

호주의 우림에서 자라는 짐피짐피gympie-gympie나무는 쐐기풀의 일종입니다. 대부분의 쐐기풀은 나뭇잎이 머리카락처럼 얇은 가시로뒤덮여 있어요. 이 가시는 포식자들을 막는 아주 중요한 방어 무기입니다. 짐피짐피나무는 쐐기풀 중에서도 가장 위험한 놈으로 손꼽힙니다. 라즈베리와 비슷한 붉은 열매만 보면 이 나무가 그다지 위험해 보이지 않을지도 모릅니다. 하지만 겉모습만 보고 나무를 만지면절대로 안 됩니다. 짐피짐피나무의 잎에는 모로딘morodin이라는 신경독이 든 가느다란 가시가 있는데, 이 치명적인 가시는 나뭇잎에 살짝스치는 것만으로도 피부에 박힐 수 있어요.

가시에 쏘인 사람은 참기 힘든 엄청난 고통을 느끼게 됩니다. 호주의 생태학자 마리나 헐리Marina Hurley는 그 고통을 이렇게 표현했습니다. "상상할 수 있는 최고의 고통이에요. 염산에 화상을 입으면서 동시에 전기 충격을 받는 것 같아요." 심지어 그 고통은 일 년 이상 지속될 수도 있습니다. 최악의 경우에는 과민성 쇼크에 빠져 심장마비를 겪거나 죽기도 한다는군요.

식물학자들 사이에는 짐피짐피나무에 관한 진실인지 아닌지 알 수 없는 괴담이 떠돌기도 한답니다. 나무 근처를 지나던 어떤 남성이 나무 위로 넘어져 가시에 쏘이는 바람에 병원으로 실려 갔는데, 그 고통이 얼마나 심했는지 몸부림치는 이 남성의 팔다리를 3주 동안이나 묶어 놓을 수밖에 없었다고 합니다. 전설처럼 전해 내려오는 또 다른 이야기에 따르면, 어떤 남성은 호주의 야생에서 용변을 본 후 아무것도 모른 채 짐피짐피나무의 잎을 화장지로 사용했다는군요. 저런……. 고통을 이기지 못한 남성은 스스로 목숨을 끊었다고 합니다.

에콰도르의 아마존 우림에 있는 또 다른 쐐기풀은 만지면 따갑긴 하지만 짐피짐피나무처럼 심각한 고통을 주지는 않습니다. 그래서 그 지역에 사는 수아르Shuar 원주민들은 아이들이 나쁜 짓을 하면 이 쐐기풀로 벌을 준다는군요. 아이들은 차라리 벌로 학교에 남아서 공부를 더 하는 편이 낫다고 생각하겠지요.

영국의 독풀 정원

"치명적인 독풀 주의!" 영국의 안위크Anwick 정원의 육중한 강철 대문(아래 사진)에는 이런 경고 문구가 붙어 있습니다. 하지만 매년 35만 명에 이르는 사람들이 이국적이고 치명적인 식물과 웅장한 성을 구경하려고 몰려듭니다. 관광객들은 엄격한 감시 아래 정원을 구경합니다. 물론 이곳에 있는 어떤 식물도 만져서는 안 됩니다. 과연 얼마나 위험한 식물들이 있기에 이렇게 호들갑일까요? 안위크 정원에는 헴록hemlock, 리신ricin, 스트리크닌 strychnine 등 치명적인 독을 만들어 내는 식물이 100여 종이나 있습니다. 그 밖에도 마약의 위험성을 알리기 위해 아편의 원료인 양귀비, 마리화나의 원료인 대마초 등 향정신성 약물의 원료 식물들을 재배합니다.

다들 숨어! 폭발한다!

닌자들은 폭발하면서 연기와 독가스를 뿜어내는 폭약을 몸에 지니고 다녔습니다. 적의 시야를 일시적으로 가리거나 독살하기 위함이었지요. 식물 중에도 닌자처럼 폭탄을 이용해서 포식자를 쫓아내거나 씨앗을 퍼뜨리는 녀석들이 있습니다. 주로 아메리카의 열대 지역에 자생하는 샌드박스sandbox나무*Hura crepitans*는 엄청나게 큰 잎과 원뿔 모양의 붉고 아름다운 꽃을 가진 거대한 나무로, 몸통이 온통 가시로 뒤덮여 있습니다. 가시는 원숭이들이 기어오르는 것을 막아 나무를 보호해 줍니다. 또한 나무의 수액에는 독성이 있습니다. 그래서 과거 이지역에 살던 사냥꾼들은 고기잡이용 작살이나 큰 동물을 사냥할 때쓰던 화살촉 끝에 샌드박스나무의 수액을 발랐다고 합니다.

하지만 샌드박스나무가 정말로 무서운 이유는 따로 있습니다. 바로 폭발하는 열매 때문입니다. 샌드박스나무의 열매는 작은 폭탄이나 다름없습니다. 열매가 잘 익으면 펑 소리와 함께 껍질이 열리면서 독성이 있는 씨앗이 사방으로 흩뿌려지거든요. 씨앗은 최대 시속 276킬로미터로 날아갑니다. 이러한 폭발은 포식자를 내쫓기 위한 것이 아니라, 씨앗을 널리 퍼뜨리기 위한 것입니다.

샌드박스나무는 옹기종기 모여 있기보다는 서로 멀리멀리 떨어져 있어야 합니다. 그래야 저마다 충분한 양분을 얻어 번성할 수 있거든

샌드박스나무는 날카로운 가시와 독성이 있는 수액을 이용해서 천적들을 쫓아냅니다.
열매는 익으면 펑 소리와 함께 폭발하여 독성 물질이 든 씨앗을 사방으로 흩뿌립니다.

요. 그러니 씨앗을 널리 널리 퍼트려야만 종이 생존할 수 있는 것입니다. 게다가 씨앗의 독성 물질이 풍기는 냄새 덕분에 동물들도 샌드박스나무의 씨앗은 먹지 않습니다. 덕분에 씨앗이 자라나 한 그루의 나무가 될 가능성은 더욱 높아지겠지요.

유럽, 북아프리카, 일부 아시아 지역에서는 '폭발하는 오이'라는 뜻의 스쿼팅squirting 오이가 자랍니다. 보통 오이와는 달리 그 열매는 전혀 맛이 없어요. 게다가 열매는 물론이고 그 어떤 부분이라도 먹으면 심한 구토를 일으킵니다. 스쿼팅 오이의 열매는 영글면 쉭 하는 소리와 함께 폭발하는데, 그때 끈적끈적한 점액과 함께 검은 씨앗을 약 6미터 거리까지 쏘아 올립니다. 폭발할 때 발생하는 힘 때문에 열매는 줄기에서 떨어져 버리고 말아요. 이때 열매에서 흘러나온 점액을 만지면 피부가 따끔따끔하고 얼얼해집니다.

천천히 다가오는 죽음의 그림자

교살자 무화과나무*Ficus aurea*는 미국 플로리다Florida주와 멕시코의 카리브Caribbean섬, 중앙아메리카 등지에 서식합니다. 이곳의 식물들은 주로 빛을 독차지하기 위해 경쟁하는 빽빽한 우림에서 자랍니다. 새들은 무화과 열매를 먹고 날아가면서 그 씨앗을 다른 나무 위에 떨어뜨립니다. 그러면 씨앗은 다른 나무의 가지 위에 싹을 틔웁니다. 때로는 나무 한 그루에서 여러 개의 씨앗이 싹을 틔우기도 합니다.

기생식물인 녀석은 숙주식물을 휘감으며 점점 땅을 향해 자라납니다. 그러면서 양분을 빨아 먹는 것은 물론이고, 숙주식물이 빛을 볼 수 없게 만들고, 숙주식물이 빨아들인 물까지 독차지해 버립니다. 그렇게 숙주식물은 천천히 죽음을 맞이하고 맙니다.

교살자 무화과나무가 왜 이런 무시무시한 이름을 갖게 되었는지 알겠지요? 녀석은 기생식물로, 숙주식물을 휘감고 자라며 양분과 빛, 물을 모두 빼앗습니다. 살아가는 데 반드시 필요한 자원을 모조리 빼앗긴 숙주식물은 안타깝게도 목숨을 잃고 맙니다.

4

흉내쟁이
식물들

서양에는 할로윈데이 Halloween day가 되면
사람들이 유령이나 괴물 분장을 하는
풍습이 있습니다.

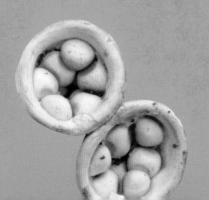

어느 으스스한 할로윈데이의 밤, 어둑어둑한 거리를 걷다 보면 검은 복면을 쓴 닌자나 유령 분장을 한 사람들을 마주칠지 모릅니다. 그 특별한 밤을 축하하려고 사람들은 흉내 내기 놀이를 하지요. 그런데 식물들 중에도 흉내를 잘 내는 녀석들이 있습니다. 물론 녀석들은 사람들처럼 재미를 위해서가 아니라, 생존 가능성을 높이려고 모방 행동을 합니다. 식물들 중에서도 특히 흉내를 잘 내는 건 다름 아닌 꽃들입니다. 다른 꽃의 겉모습이나 향기를 모방하기도 하고, 다른 식물의 감촉을 흉내 내기도 하며, 심지어 암술 또는 수술의 모양을 따라 하기도 합니다.

뭐야? 속았네!

푸야네 의태Pouyannian mimicry는 난초들에게서 흔히 발견되는 모방 행동입니다. 푸야네 의태란 식물이 특정 곤충의 암컷과 생김새나 냄새가 비슷한 꽃을 이용해 수컷을 유인하는 행동을 말합니다. 19세기 프랑스의 식물학자 모리스 알렉상드르 푸야네Maurice-Alexandre Pouyanne가 처음으로 발견했어요. 푸야네 의태를 하는 난초들은 거미나 벌 등 곤충의 암컷을 모방합니다. 그러면 수컷 곤충은 난초 꽃을 암컷으로 착각하고 짝짓기를 하려고 하겠지요. 이것을 의사 교접, 즉 가짜 짝짓기라고 합니다. 물론, 의사 교접이 이루어지는 동안 수컷이 정말로 짝짓기에 성공하지는 못합니다. 하지만 난초와 짝짓기를 하려고 시도하는 과정에서 수컷은 온몸에 꽃가루를 뒤집어쓰게 됩니다. 의사 교접을 마친 수컷이 다른 꽃으로 날아가 다시 짝짓기를 시도하면 몸에 묻어 있던 꽃가루가 그 꽃으로 옮겨 가 수정이 이루어집니다.

　난초는 겉모습뿐만 아니라 냄새와 촉감도 모방합니다. 예를 들어 일부 난초는 곤충들이 서로를 유혹할 때 분비하는 향기를 똑같이 방출합니다. 그러면 짝을 찾아 헤매는 수컷 곤충들을 유혹하기가 훨씬 쉽겠지요.

　이렇게 정교한 흉내 내기에 능한 식물 중 하나로 지중해 연안 지역에 서식하는 '미소 짓는 호박벌 난초laughing bumble bee orchid, *Ophrys bombyliflora*'를 들 수 있습니다. 꽃 모양이 암컷 호박벌과 굉장히 비슷하여, 학명도 '호박벌'을 뜻하는 그리스어 '봄빌리오스bombylios'에서 따왔을 정도입니다. 긴뿔자루줄벌long-horned bee, *Eucera longicornis*을 비롯한 다양한 벌이 미소 짓는 호박벌 난초의 겉모습과 향기에 매혹당해 날아옵니다. 하지만 우습게도, 난초의 이름을 따온 호박벌만큼은 미소 짓는 호박벌 난초의 꽃을 제대로 찾아오지 못한다는군요.

일부 난초는 유인하려는 꽃가루 매개자와 비슷한 모습으로 진화했습니다.
예를 들어 미소 짓는 호박벌 난초는 향기나 생김새가 암컷 벌과 매우 비슷합니다.
짝을 찾던 수컷 벌들은 난초 꽃을 암컷으로 착각하고 꽃에 내려앉습니다.

한편 '호주 혓바닥 난초australian tongue orchid, *Cryptostylis hunteriana*'라는 특이한 이름을 가진 난초는 꽃이 맵시벌 암컷과 굉장히 닮았습니다. 수컷 맵시벌은 난초 꽃을 암컷으로 착각하고 짝짓기를 시도합니다. 가짜 짝짓기를 끝낸 수컷은 다른 난초로 옮겨 가 꽃가루를 전해 줍니다.

방어를 위한 흉내 내기

난초만 교묘한 변장술을 쓰는 건 아닙니다. 일부 식물에게서는 베이츠 의태Batesian mimicry가 나타납니다. 베이츠 의태란 그다지 해롭지 않은 식물이 위험하거나 불쾌한 동식물을 모방하여 자신을 보호하는 행동을 말합니다. 19세기에 아마존 우림 지역을 몇 번이나 탐험한 자연과학자 헨리 월터 베이츠Henry Walter Bates가 발견했어요.

베이츠 의태를 하는 대표적인 식물로는 유럽에서 흔히 볼 수 있는 일종의 쐐기풀, 노랑광대수염*Lamium galeobdolon*을 들 수 있습니다. 노랑광대수염은 진화를 거쳐 피부에 닿으면 굉장히 따가운 서양쐐기풀stinging nettle과 비슷한 모양과 색깔을 갖게 되었습니다. 노랑광대수염은 사실 전혀 해롭지 않지만 무시무시한 서양쐐기풀과 닮은 모습 덕분에 동물들이 감히 잎을 뜯어 먹지 못한다고 합니다.

남아메리카의 칠레 및 아르헨티나 우림 지역에 서식하는 보킬라

노랑광대수염은 스스로를 보호하기 위해 서양쐐기풀과 비슷한 모습으로 진화했습니다.
변장한 모습 덕분에 많은 동물들을 속여 쫓아낼 수 있답니다.

흉내쟁이 식물들

Boquila 덩굴식물의 흉내 내기 기술은 더욱 신비롭습니다. 여느 덩굴식물들과 다름없이 녀석들은 땅을 가로지르며 숙주식물을 찾아 헤맵니다. 그러다가 숙주식물을 찾아 덩굴을 휘감으며 자라나면, 짧고 둥글던 잎이 숙주식물의 잎 모양을 따라 점점 변하기 시작합니다. 예를 들어 숙주식물의 잎이 길쭉한 모양이라면 보킬라 덩굴식물의 잎도 점점 길쭉하게 변하는 것이죠. 녀석들이 흉내 낼 수 있는 식물의 수는 최대 여덟 가지에 이른다고 합니다.

일부 식물학자들은 이런 행위가 일종의 방어 전략이라고 주장합니다. 숙주식물의 잎에 완전히 섞여 들어감으로써 애벌레나 바구미 등 잎을 갉아 먹는 곤충들의 눈에 띄지 않으려는 것이라고요. 하지만 포식자들을 막기 위해 독성이 있는 잎을 흉내 내는 것이라고 주장하는 식물학자들도 있습니다. 일종의 베이츠 의태라는 것이지요. 아직 누구도 정확한 답을 찾지 못했습니다.

그런데 놀랍게도 보킬라 덩굴식물은 숙주식물과 접촉하지 않은 상태에서도 모방을 합니다. 그저 근처에만 있으면 됩니다. 덩굴에 눈이라도 달린 걸까요? 아니면 후각을 이용하는 것일까요? 그것도 아니라면 수평적 유전자 이동 두 식물 개체 사이에 직접적인 번식 과정을 거치지 않고서 유전자를 전해 주는 현상이 일어나는 것일까요? 이에 대한 답도 아직 찾지 못했습니다.

돌멩이를 닮아서 행복한 리돕스

식물은 포식자뿐만 아니라 인간도 속일 수 있습니다. 여러분이 숲길을 산책하다가 신기하게 생긴 돌을 집어 들었는데 그것이 실제로는 돌이 아니라면 어떨까요? 일부 식물은 정체를 감추려고 주변에서 쉽게 볼 수 있는 돌멩이로 위장합니다. 잎을 먹어 치우는 곤충과 동물들을 속이기 위함이지요. 정말이지, 숲에서 생존하기란 보통 일이 아닌 것 같아요!

남부 아프리카의 사막에 서식하는 리돕스도 진화를 통해 이런 방어 전략을 습득했습니다. 녀석들은 돌을 닮은 모습 덕분에 베짱이나 땅다람쥐의 먹이가 되지 않아요. 리돕스라는 이름 또한 '돌'을 뜻하는 그리스어 리토스lithos에서 유래했습니다. 리돕스의 잎은 매우 두꺼우며, 위쪽이 넓고 평평합니다. 몸통은 대부분 모래에 파묻혀 있고, 평평한 잎의 꼭대기 부분만이 겉으로 드러나 있습니다. 색깔은 보통 칙칙한 회색 또는 황갈색으로, 돌멩이와 비슷합니다. 맛있는 먹잇감을 찾던 동물들은 대부분 리돕스를 보고도 그냥 스쳐 지나갑니다.

한가운데에 있는 꽃만 없다면 영락없이 돌멩이 몇 개가 모여 있는 모습이겠지요?
리돕스속에 속하는 식물들은 포식자들로부터 스스로를 보호하기 위해
돌멩이와 비슷한 모습으로 진화했습니다.

우연일 뿐이야! 닮은꼴 곰팡이들

곰팡이는 필요한 영양분을 다른 생물체나 이미 죽어 썩어 가는 시체로부터 흡수하는 유기체입니다. 곰팡이의 몸에는 생식을 관장하는 자실체가 있습니다. 자실체는 포자를 만들어 내는 우산처럼 생긴 구조물로, 포자는 이후 새로운 개체로 자라나지요. 곰팡이 중에는 유성생식_{암수의 결합으로 새로운 개체가 태어나는 것}을 하는 것도 있고, 무성생식_{암수의 결합 없이 이루어지는 생식}을 하는 것도 있지만, 유성생식과 무성생식을 둘 다 하는 것들도 있습니다. 일부 곰팡이는 특정 곤충과 공생 관계를 유지하는데, 곤충은 곰팡이의 수분을 도와주는 역할을 합니다.

주변에서 흔히 볼 수 있는 곰팡이로 버섯과 효모가 있지요. 그런데 흔히 볼 수 없는 희귀한 곰팡이 중에는 모습이 특이한 것들이 종종 있습니다. 북미와 유럽 지역에서 발견되는 어린 잇몸출혈버섯 bleeding tooth fungi, *Hydnellum peckii*은 씹다 뱉은 껌에서 피가 새어 나온 것 같은 우스꽝스러운 모습이랍니다. 하지만 시간이 지날수록 평범한 갈색 버섯의 모습으로 변합니다.

새둥지버섯*Nidula emodensis*은 번식할 준비가 되면, 알 몇 개가 든 작은 둥지 모양의 자실체를 만들어 냅니다. '알'은 버섯의 포자로, 이후 새로운 유기체로 자라납니다. '둥지'는 썩어 가는 나무나 배설물에서 생겨나는데, 여기에 빗물이 떨어지면 포자가 땅으로 튀어나옵니다. 포자는 땅에서 양분을 흡수하여 새로운 개체로 자랍니다.

바다말미잘버섯*Clathrus archeri*은 호주, 뉴질랜드, 태즈메이니아^{Tasmania}가 원산지인 버섯으로, 모든 버섯 가운데 가장 괴이하고 끔찍하게 생겼습니다. 마치 죽은 사람의 차가운 손이 땅에 꽂혀 있는 형상이거든요! 이 때문에 바다말미잘버섯에게는 '악마의 손가락 버섯'이라는 별명이 붙었습니다. 바다말미잘버섯은 성숙할수록 썩은 냄새를 풍깁니다. 그러니 우연히 이 버섯을 목격하는 사람은 비명을 지르며 도망갈 수밖에요. 하지만 파리 같은 곤충은 그 냄새에 이끌려 버섯의 수분을 돕습니다.

새의 둥지처럼 보이는 이것은 새둥지버섯의 일종인 주름찻잔버섯의 자실체입니다. 속에 든 알처럼 생긴 것은 버섯의 포자로, 빗물에 튀어 바닥으로 떨어진 뒤 새로운 개체로 자랍니다.

눈물 흘리는 나무

남미의 자부치카바jabuticaba나무 *Plinia cauliflora*는 독특한 특징이 있습니다. 열매가 나뭇가지에 붙은 줄기에 매달려 자라나는 여느 과일나무와는 달리, 자부치카바나무의 둥근 열매는 나무 몸통과 가지 위 껍질에서 자랍니다. 그래서 멀리서 보면 마치 나무가 크고 기름진 눈물을 흘리는 것처럼 보인답니다.

자부치카바 열매는 나무 밑동을 포함한 나무 전체에서 자라기 때문에 어떤 동물이든 쉽게 열매를 얻을 수 있습니다. 심지어 '브라질 큰 거북brazilian giant tortoise'처럼 나무에 기어오르지 못하는 동물들도 먹을 수 있지요. 실제로 자부치jabuti란 브라질 원주민 투피Tupi족의 언어로 거북이를 뜻하며, 카바caba는 '장소'를 뜻합니다. 즉 자부치카바는 '거북이의 땅'이라는 뜻이에요. 여러 동물들이 열매를 먹고 씨앗을 배설하면 씨앗은 널리 퍼져 뿌리를 내립니다. 과일을 먹는 동물이 많을수록 나무가 번식하고 생존할 기회가 점점 늘어나지요. 그 맛이 포도와 비슷해서 남미에서는 자부치카바 열매로 잼이나 주스를 만들어 먹습니다.

우연일까? 무언가를 닮은 식물들

식물 중에도 다른 물체와 닮은 것들이 있습니다. 예를 들어 금어초 *Antirrhinum majus*는 씨앗 꼬투리가 인간의 두개골과 놀라울 정도로 닮았습니다! 또한 북미 동부 지역에 서식하는 식물 '인형의 눈doll's eyes, *Actaea pachypoda*'에는 끔찍하게도 인형의 눈알처럼 보이는 열매가 열립니다. 줄기에 다닥다닥 매달린 흰색 열매에 검은 점이 나 있기 때문이에요. 열매에는 독성이 있습니다.

그런가 하면 아이슬란드에서 흔히 볼 수 있는 황새풀*Eriophorum*의 꽃은 마치 솜을 뭉쳐 놓은 것 같은 모습입니다. 토마토와 감자의 친척인 남아메리카의 노랑혹가지*Solanum mammosum*는 마치 젖소의 유방처럼 생겼다고 하여 '소젖 식물cow's udder plant'이라고도 불립니다.

하지만 위의 사례들은 모두 식물이 단지 우연히 다른 물체와 닮은 것일 뿐, 꽃가루 매개자들을 유인하거나 천적을 속이기 위해 진화한 것은 아니랍니다.

앞서 살펴본 잇몸출혈버섯과 마찬가지로 마치 피를 흘리는 것처럼 보이는 식물도 많습니다. 금낭화*Lamprocapnos spectabilis*는 시베리아, 중국 북부, 한국, 일본이 원산지이며, 다른 온대 지방에서도 원예식물로 인기가 많습니다. 꽃은 이른 봄에 피는데, 마치 심장에서 피가 뚝뚝 떨어지는 것처럼 생겼습니다. 빨간색은 꽃가루 매개자들이 대단히 좋아

금낭화는 빨간색 꽃으로 꽃가루 매개자를 유혹합니다.

하는 색깔이라서, 피를 흘리는 것처럼 보이는 식물은 꽃가루 매개 곤충을 유인하는 데 상당히 유리하지요.

가장 피를 많이 흘리는 것처럼 보이는 식물은 용혈수_Dracaena draco_, 즉 '용의 피 나무'일 것입니다. 모로코 서부와 대서양 인근 섬에서 자라는 용혈수는 잘리거나 상처를 입으면 나무껍질과 잎에서 붉은 수액이 흘러나와 마치 피를 줄줄 흘리는 것처럼 보입니다. 수액은 나무 몸통과 가지에서 물과 양분을 운반하는 역할을 하는데, 용혈수의 수액은 상당히 해로운 성분을 포함하고 있어서 동물들이 먹지 못합니다. 하지만 사람들에게는 용혈수의 붉고 진한 수액이 유익하게 쓰입니다. 상처에 바르면 출혈이 멎고 상처도 쉽게 아물기 때문입니다. 또한 복용하면 소화불량을 완화시킬 수도 있습니다. 용혈수가 자라는 지역의 원주민들은 용혈수 수액을 약으로 쓰기도 합니다.

원숭이난초_monkey faced orchid, Dracula simia_라는 신비로운 식물도 있습니다. 먼저, 그 꽃은 미소를 짓고 있는 작은 원숭이의 얼굴과 흡사합니다. 실제로 학명 가운데 종명인 시미아_simia_는 원숭이를 뜻하는 라틴어에서 왔다고 합니다. 또한 드라큘라_Dracula_라는 속명은 긴 꽃받침_꽃잎을 감싸는 아랫부분_ 때문에 붙었습니다. 길쭉한 꽃받침이 마치 뾰족한 드라큘라의 송곳니처럼 보이기 때문입니다. 원숭이난초는 남아메리카 에콰도르, 콜롬비아 및 페루의 고산지대에서 주로 자랍니다. 꽃에서 풍기는 오렌지 향은 분홍색과 흰색이 섞인 꽃 색깔과 더불어 꽃가루 매개자들을 불러 모으는 역할을 합니다.

식물의 다양한 모방 행위

식물의 세계는 모방 행동으로 가득합니다. 의사 교접을 하는 꽃들은 수컷 꽃가루 매개 곤충을 유인하기 위해 암컷을 흉내 냅니다. 베이츠 의태는 아무런 해가 없는 식물이 포식자를 쫓아내려고 해로운 식물의 특징을 따라 하는 것입니다. 식물학자들은 그 밖에도 다양한 모방 행동을 발견해 냈습니다.

파파야papaya, *Carica*나무, 난초*Catasetum*, 베고니아begonia 등에서 볼 수 있는 베이커 의태Bakerian mimicry는 20세기 영국의 자연과학자 허버트 G. 베이커Herbert G. Baker가 발견했습니다. 베이커 의태를 하는 암꽃은 곤충을 속일 목적으로 수꽃의 모습을 흉내 냅니다. 암꽃에는 실제로 꽃가루가 없지만, 곤충들은 암꽃을 수꽃으로 착각하고 꽃가루를 먹으려고 암꽃에 날아듭니다. 그 덕분에 암꽃은 수꽃에서 이미 온몸에 꽃가루를 묻혀 온 많은 곤충들에게서 꽃가루를 받을 수 있습니다.

도드슨 의태Dodsonian mimicry는 20세기 미국 식물학자 캘러웨이 H. 도드슨Calaway H. Dodson이 발견했습니다. 도드슨 의태란 꽃이 다른 종을 모방하여 특정한 꽃가루 매개 곤충을 유혹하는 것을 말합니다.

20세기 러시아의 식물유전학자 니콜라이 바빌로프Nikolai Vavilov가 발견한 바빌로프 의태Vavilovian mimicry는 '잡초의 의태' 또는 '농작물 의태'라고도 부릅니다. 바빌로프 의태를 하는 잡초들은 사람들에게 가치 있는 식물, 예컨대 밀이나 옥수수 등의 특성을 모방합니다. 잡초가 근처에서 자라는 농작물과 비슷하다면 살아남을 가능성이 높아지기 때문입니다. 잡초를 뽑아 없애는 농부들이 농작물이라고 생각해 그냥 놔둘 테니까요. 잡초에게는 농작물을 모방하는 것이 살아남기 위한 전략인 셈입니다.

파파야나무의 암꽃(왼쪽)은
꽃가루를 받기 위해
수꽃(오른쪽)의 모습을 흉내 냅니다.
꽃가루 매개 곤충들이
암꽃을 수꽃으로 착각하여
찾아오도록 하려는 것입니다.

5

환경에 따라
겉모습을 바꾸는
식물들

닌자들은 적을 쓰러뜨리기 위해서라면

극단적인 무기도 서슴없이

사용하는 것으로 악명이 높았습니다.

그들은 극단적인 무기를 이용해서 스파이 활동과 암살, 게릴라전을 벌였습니다. 닌자들의 삶은 보통 사람들의 삶과는 정말 달랐지요. 식물 중에도 극단적인 환경에서, 표준과는 거리가 먼 삶을 살아가는 녀석들이 있습니다. 어떤 식물들은 아주 춥거나 더운, 또는 건조한 기후에서 생존할 수 있도록 진화했습니다. 특정한 토양 환경에 맞게 진화한 식물들도 있고요. 일반적이지 않은 환경은 식물의 겉모습과 행동에 영향을 주곤 합니다.

모양 바꾸기의 달인들

북극버드나무*Salix arctica*는 극심한 추위와 바람이 몰아치는 북극 지역에서 자랍니다. 녀석들은 보통 식물과는 달리 수직이 아니라, 수평으로 자랍니다. 마치 바닥에 짓밟히기라도 한 것 같은 모습이지요. 수평으로 성장하는 것은 작은 관목들이 사나운 북극의 바람으로부터 스스로를 보호하기 위한 중요한 수단입니다. 산에 사는 많은 식물들도 같은 이유로 수평으로 자랍니다. 땅에 딱 달라붙은 채 낮게 자라는 식물들은 산꼭대기에 불어닥치는 강한 바람에도 날아가지 않고 버틸 수 있습니다.

어떤 식물들은 서식지의 환경에 따라 모양이 특이하게 변했습니다. 중앙아메리카 파나마에 있는 휴화산 지역에는 사각몸통나무 계곡Valley of Square Trees이 있습니다. 말 그대로 몸통이 사각형인 나무가 자라는 계곡입니다. 코튼우드cotton wood나무는 몸통이 사각형인 데다가, 나이테도 원형이 아닌 사각형으로 생겨납니다. 미국 플로리다 대학의 한 연구진은 이 특이한 모양의 원인을 밝혀내고자 코튼우드나무를 다른 지역에서 키우는 실험을 했습니다. 그런데 다른 지역에 심은 코튼우드의 묘목은 일반적인 나무처럼 둥근 몸통으로 자라났습니다. 결국 사각몸통나무 계곡의 특수한 환경이 나무의 모양을 변하게 한 것입니다.

바오바브Baobab나무Adansonia 또한 주변 환경에 맞게 모양을 변화시키며 적응한 식물입니다. 마다가스카르Madagascar, 호주, 아프리카 등이 원산지인 바오바브나무는 키가 30미터도 넘는 거대한 나무입니다. 몸통도 엄청나게 두꺼워서, 지름이 9미터에 이릅니다. 높이에 비해 몸통이 너무 두꺼워서 멀리서 보면 뭔가 균형이 맞지 않는 듯 보입니다. 게다가 거의 일 년 내내 잎이 달리지 않는 발가벗은 나뭇가지는 마치 뿌리처럼 보입니다. 뿌리가 하늘을 향해서 자라는 듯한 바오바브나무의 모습 때문에 많은 사람이 바오바브나무를 '신이 실수로 거꾸로 심

땅에서 2.5센티미터 미만의 낮은 높이로 자라는 북극버드나무는 북극의 강력한 바람으로부터 자신을 보호할 수 있습니다. 봄이 오면 붉은 꽃가루가 꽃가루 매개자들을 유인합니다.

은 나무'라고 부르기도 합니다.

바오바브나무는 두꺼운 몸통에 약 9만 8,000리터에 이르는 엄청난 양의 물을 저장할 수 있습니다. 바오바브나무는 심각한 가뭄이 자주 일어나는 곳에서 자라기 때문에 물을 저장하는 능력이 나무의 생존에 매우 중요합니다. 나이가 들수록 바오바브나무의 몸통 속에는 점점 빈 공간이 생겨납니다. 심지어 어떤 사람들은 늙은 바오바브나무 몸통 속에 집을 짓기도 합니다. 남아프리카에 사는 어떤 사람이 바오바브나무의 빈 몸통에 술집을 차린 일도 있고, 호주의 어느 오지에서는 바오바브나무를 임시 수용소로 쓰기도 했습니다.

바오바브나무는 몸통에 수만 리터에 이르는 물을 저장할 수 있습니다.
이런 능력 덕분에 가뭄이 심한 지역에서도 살아남을 수 있었어요.

자연현상인가, 인간의 작품인가?

'뒤틀린 숲'이라는 별명을 가진 폴란드의 그리피노Gryfino 숲에는 이상하게 생긴 소나무 400여 그루가 살고 있습니다. 이 소나무들은 같은 종에 속하는 다른 나무들이나 주변에 있는 나무들처럼 수직으로 곧게 자라지 않습니다. 대신 몸통의 맨 아랫부분이 거의 수평에 가깝게 구부러져 있습니다. 구부러진 부분 위쪽부터는 여느 나무들처럼 하늘을 향해 곧게 자랍니다.

왜 이런 모양으로 자라는지는 아직까지 풀리지 않은 수수께끼입니다. 중력의 영향 때문이라고도 하고 폭설의 영향 때문이라고도 하는 등 다양한 이론이 있지만 누구도 정확한 원인을 알지는 못합니다. 어떤 사람들은 나무를 비뚤어지게 한 원인이 인간에게 있다고 믿습니다. 이 나무들을 심은 것이 1930년대, 제2차 세계대전1939~1945 중 독일이 폴란드를 침략하기 얼마 전이기 때문입니다. 그들은 막 자라나던 묘목을 독일군의 탱크가 밟고 지나가면서 나무가 비뚤어졌다고 주장합니다. 또 어떤 이들은 나무를 키우던 폴란드의 농부들이 의도적으로 묘목을 구부렸거나, 나무의 성장을 방해하여 결과적으로 구부러진 형태가 되었다고 주장합니다. 배를 건조하던 사람들이 선체를 더욱 튼튼하게 만들기 위해 구부러진 목재를 필요로 했을지도 모르지요. 가구를 만드는 사람들 또한 특이하게 구부러진 목재를 원했을 수도 있습니다.

폴란드에 있는 이 나무들은 왜 이렇게 이상한 모양으로 구부러져 있을까요? 사람들이 묘목을 일부러 구부린 것일까요, 아니면 주변 환경의 영향 때문에 휘어진 형태로 자라난 것일까요? 식물학자들도 아직 답을 모릅니다.

신비로운 생명의 나무

식물이 생존하기 위해서 물, 햇빛, 이산화탄소가 필요하다는 것은 누구나 아는 사실입니다. 이들 중 한 가지만 없어도 식물은 죽고 말죠. 그런데 이럴 수가! 그렇지 않은 식물도 존재한다고 합니다. 물이라고는 찾아볼 수 없는 곳에서 400년 이상 생존해 온 경이로운 식물이 있습니다. '생명의 나무'라는 별명을 가진 이 나무는 중동 바레인의 사막 한가운데, 주변에 단 한 방울의 물도 없는 곳에서 자랍니다. 해마다 수천 명의 관광객들이 눈을 뜨기조차 어려울 정도로 뜨거운 사막의 열기를 뚫고 이 기적의 나무를 찾아옵니다.

그 주인공은 바로 메스키트mesquite나무입니다. 사실 메스키트나무는 미국 남서부와 멕시코의 매우 건조한 지역에서도 흔히 볼 수 있습니다. 어떻게 건조한 지역에서 살 수 있는 걸까요? 놀랍게도 메스키트나무는 공기 중의 수증기를 나뭇잎에서 응결^{기체 상태의 물이 냉각되어 액체가 되는 현상으로, 나뭇잎에서 응결된 수증기는 광합성의 원료로 사용될 수 있음}시킬 수 있습니다. 또한 곧은뿌리^{땅속으로 곧게 내리는 뿌리}를 땅속 깊은 곳까지 뻗기 때문에 아주 깊은 땅속에 있는 물도 찾아낼 수 있습니다. 과학자들은 이런 적응력 덕분에 생명의 나무가 가혹한 환경에서도 생존할 수 있었던 게 아닐까 추측합니다.

이 신비로운 나무는 근처에 강이나 호수 등 물이 전혀 없는 사막 한가운데에서 400년이 넘는 세월을 살아남았습니다. 이런 일이 어떻게 가능할까요? 그 비밀은 공기 중의 수증기와 땅속 깊은 곳의 지하수를 끌어모을 수 있는 나무의 능력에 있었습니다.

웰위치아*Welwitschia mirabilis*는 독특한 방법으로 심각한 가뭄을 이겨 냅니다. 그 덕분에 '세계에서 가장 끈질긴 식물'이라고도 불리지요. 아프리카 남서부의 나미비아 사막에서만 볼 수 있는 웰위치아는 자그마치 2천 년 이상을 살 수 있습니다. 웰위치아의 하나뿐인 줄기에서는 잎이 단 두 개만 돋아납니다. 마치 커다란 초록색 리본처럼 바깥쪽으로 자라나지요. 시간이 지남에 따라 잎은 마모되면서 찢어지고, 마르고 뒤틀립니다. 하지만 웰위치아에게 잎사귀는 물을 공급해 주는 소중한 존재입니다. 길쭉한 잎사귀에 이슬이 맺히기 때문이지요. 웰위치아의 원뿌리식물 줄기에서 뻗어 나온 가장 큰 뿌리 또한 땅속 깊은 곳에서 물과 양분을 빨아들입니다. 그리고 원뿌리 주변 사방으로 뻗어 나온 곁뿌리들도 땅에서 물과 양분을 흡수합니다.

죽은 척하는 식물들

주머니쥐는 북아메리카 지역에 서식하는 작은 야행성 포유류로, 죽은 척하는 동물로 유명합니다. 사실 의도적으로 죽은 척을 하는 건 아닙니다. 포식자를 만나면 두려움에 떨다가 의식을 잃을 뿐이지요. 주머니쥐는 공포감에 휩싸인 나머지 40분에서 4시간 가까이 혼수상태에 빠집니다. 그 시간 동안 주머니쥐는 침을 흘리며 몸을 축 늘어뜨리고, 심지어는 몸에서 시체가 썩는 듯한 냄새까지 풍깁니다. 비록 의도적으로 포식자를 속이기 위한 행동은 아니지만, 어쨌든 포식자는 기절한 주머니쥐를 죽은 것으로 착각하고 그냥 지나쳐 버립니다.

기후가 극단적인 지역에서는 일부 식물도 죽은 척을 합니다. 주머니쥐에게도 그러했듯이, 이런 행동은 생존에 도움이 됩니다. 잎이 시들어 물을 아낄 수 있기 때문입니다. 이런 식물들은 최소 몇 시간부터 최대 몇 년까지도 이렇게 시든 채로 살아 있을 수 있다고 합니다.

부활고사리resurrection fern, *Selaginella lepidophylla*도 이렇게 교묘한 술책을 부리는 식물 중 하나입니다. 이름과는 달리, 실제로 고사리는 아닙니다. 북미와 남미의 사막에서 흔히 볼 수 있는데, 비가 많이 내리는 시기에는 굉장히 싱싱합니다. 하지만 날씨가 아주 덥고 건조해지면 점점 말라 가면서 쪼글쪼글하게 변해 버려서 마치 죽은 것처럼 보입니다. 휴면 상태에 접어들면 녀석은 원래 필요로 하던 물의 단 3퍼센트만으로도 생존할 수 있습니다.대부분의 식물은 흡수하는 물의 양이 필요한 양의 90퍼센트 이하로만 떨어져도 죽고 맙니다.

부활고사리는 잎을 둥글게 말아 올려서 강한 햇볕에 노출되는 면적을 최대한 줄입니다. 잎이 햇볕을 쬐면 가뜩이나 부족한 물이 증발해 버리기 때문입니다. 게다가 이런 상태에서는 포식자들도 녀석을 말라 죽은 것으로 착각하고 지나쳐 버립니다. 부활고사리는 몇 년씩 이 상태로 지내며 비를 기다릴 수 있습니다. 그러다가 비가 내리면 녀석은 마치 죽었다가 다시 태어나기라도 하는 듯 다시 생명력 넘치는

위 사진의 부활고사리는 죽은 것처럼 보입니다. 그러나
비가 내리고 나면 녀석은 아래 사진처럼 활기를 되찾습니다.

푸른 잎으로 피어난답니다.

지구상에서 가장 극단적인 환경에서는 어떤 식물이 살 수 있을까요? 균류와 조류^{꽃을 피우지 않는 하등식물의 한 무리}가 공생 관계를 이루어 함께 생활하는 유기체, 즉 지의류는 히말라야산맥의 해발고도 5,500미터 지점이나 남극과 가까운 남극대륙 등 생물이 거의 살지 않는 환경에서도 살아남습니다. 그 정도로 추운 곳에서 생존할 수 있는 생물은 극히 드물지요. 긴 겨울이 찾아와 물이 눈과 얼음으로 변하면, 지의류도 휴면 상태에 들어갑니다. 마치 죽은 식물처럼 말라비틀어져 쪼글쪼글해지지만 여전히 살아 있는 상태랍니다.

짧은 봄이 찾아와 얼음과 눈이 녹고 다시 물을 얻을 수 있게 되면 지의류는 굉장한 속도로 엄청난 양의 물을 빨아들입니다. 10분 만에 자기 몸무게의 절반가량 되는 물을 흡수하기 때문에, 마치 이미 죽은 생명체가 되살아나는 것처럼 보이지요. 바짝 마른 스펀지를 물에 담근 것처럼 순식간에 촉촉하게 되살아납니다.

선인장은 웬만해서는 잘 죽지 않기 때문에 많은 사람이 관상용으로 키웁니다. 물을 자주 주지 않아도 되고 신경 쓸 일도 별로 없죠. 화초 키우는 데 재능이 없는 사람들에게 더없이 좋은 식물입니다. 선인장은 사막의 극단적인 기후 속에서 진화했습니다. 그런 만큼 여러 가지 교묘한 생존 전략을 뾰족한 가시 뒤에 숨기고 있지요. 건기가 오면 선인장은 물을 아낍니다. 또한 가뭄이 오면 부활고사리처럼 거의 죽은 듯이 보이는 휴면 상태를 유지합니다. 그러다가 비가 내리면 최

남아메리카 칠레의 아타카마 사막에 서식하는 에리오시케 로덴티오필라eriosyce
rodentiophila 선인장은 물 없이도 거의 1년 동안 생존합니다. 사막에서는 밤이면
기온이 크게 떨어지는데, 그때 응결시킨 수증기로 그럭저럭 버티는 것입니다.

대한 물을 빨아들여서 지의류처럼 몸에 생기를 불어넣습니다. 선인장에게 휴면 상태를 유지하는 능력은 생존을 위한 중요한 열쇠입니다. 오랫동안 에너지를 보존할 수 있기 때문입니다.

죽은 척하는 또 다른 식물로 남아메리카 칠레가 원산지인 에리오시케*Eriosyce odieri*가 있습니다. 선인장의 일종인 에리오시케는 셰익스피어가 쓴 희곡《로미오와 줄리엣》의 줄리엣처럼 죽은 척을 합니다. 비를 기다리며 몇 년이고 휴면 상태를 유지하며, 바닥에 누워 있는 모습으로 버틴답니다. 마침내 비가 충분히 내리면 에리오시케는 종에 따라 노랑, 분홍, 주황 등 아름다운 빛깔의 꽃을 피우며 되살아납니다.

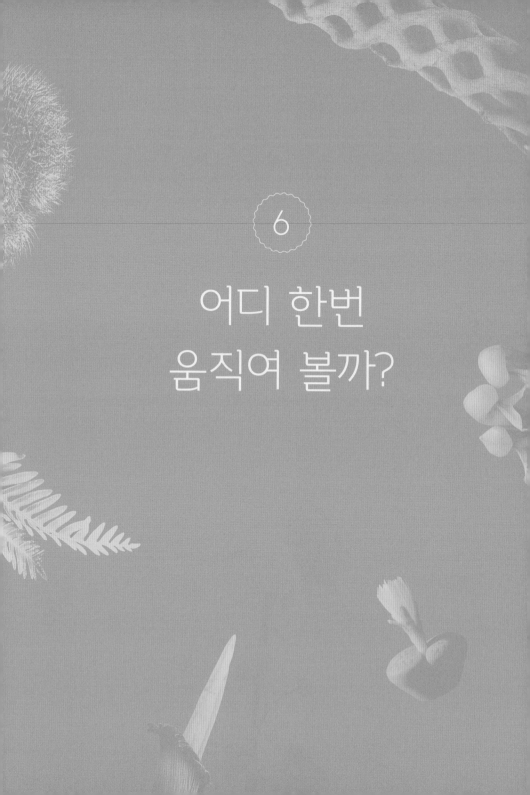

6

어디 한번
움직여 볼까?

식물은 고착성 생물입니다. 땅에 달라붙은 채
단 한 발자국도 움직일 수 없습니다.
그래서 동물들처럼 재빨리 달려가서
필요한 식량을 사냥할 수 없습니다.

더 살기 좋은 땅을 찾아 날아갈 수도 없고, 흐린 날에도 빛을 쬐기 위해 자리를 옮길 수 없습니다. 다른 식물이나 동물에게 위협을 당할 때조차도 자유롭게 이동할 수 없지요. 흠, 글쎄요. 정말 그럴까요?

　세상에는 몸을 움직일 수 있는 식물도 존재합니다. 물론 아주 조용하고 은밀하게, 마치 닌자처럼 움직이지요. 이 식물들이 움직이는 이유는 단 하나, 바로 생존을 위해서입니다. 움직이는 방식은 다양합니다. 일부 식물은 줄기와 씨앗을 사람이나 동물에게 몰래 붙여서 새로운 서식지로 이동합니다. 일종의 무임승차입니다. 그런가 하면 최대한 많은 빛을 얻기 위해 태양을 따라 이파리의 방향을 계속 바꾸는 식물도 있습니다. 심지어 어떤 식물은 포식자의 공격을 피하기 위해서 무언가가 닿으면 잎을 오므립니다. 또한 꽃가루가 비에 젖지 않도록 비가 올 때마다 꽃잎을 닫아 버리는 식물도 있습니다.

히치하이킹을 하는 식물

미국과 멕시코가 원산지인 '점핑 초야 선인장jumping cholla cactus, *Cylindro-puntia fulgida*'과 '테디베어 초야 선인장teddy bear cholla cactus, *Cylindropuntia bigelovii*' 은 히치하이킹의 고수입니다. 아주 살짝 스치기만 해도 사람이나 동물의 몸에 달라붙을 수 있거든요. 미국 남서부 사막을 여행하다 보면 최대 2.4미터까지 자라는 거대한 선인장들이 우리를 향해 손을 뻗쳐 옵니다. 조금만 방심하면 날카로운 가시를 피부나 옷에 슬쩍 붙이고서 우리를 따라오지요. 이때 가시를 손으로 떼어 내려고 해서는 안 됩니다. 잘못하면 손에 달라붙어 버리거든요. 그보다는 빗이나 막대기를 이용해서 가시를 떼어 내는 것이 좋습니다.

선인장의 가시는 보통 포식자로부터 스스로를 보호하기 위한 것입니다. 하지만 번식에 도움을 주는 가시도 있습니다. 초야cholla 선인장을 비롯하여 무성생식을 하는 일부 선인장들은 가시를 이용하여 널리 번식할 수 있어요. 가시로 뒤덮인 선인장 줄기의 일부가 땅에 떨어지거나 사람이나 동물에 의해 새로운 땅으로 이동하면, 줄기가 그 땅에 새로운 뿌리를 내리고 부모 식물과 완전히 동일한 개체로 자라납니다. 이를 영양생식이라고 합니다. 영양생식이란 무성생식의 일종으로, 수정하지 않고도 새로운 개체를 만들어 내는 것을 말합니다. 영양생식을 통해 탄생한 개체는 부모 식물과 유전적으로 완전히 동일하

미국 캘리포니아에 있는 조슈아트리 국립공원 Joshua Tree National Park에 있는
초야 선인장의 모습입니다. 녀석들은 가시를 두 가지 용도로 이용합니다.
첫째, 가시를 이용해서 포식자들에게서 스스로를 보호합니다. 둘째, 가시를 이용해
지나가는 동물이나 사람의 몸에 달라붙어서 다른 곳으로 이동합니다.
그러면 줄기가 새로운 땅에 뿌리를 내리고 새로운 개체로 자라난답니다.

어디 한번 움직여 볼까?

답니다.

　히치하이킹을 하는 또 다른 식물로 유니콘풀unicorn plant, *Proboscidea*이 있습니다. 미국 남서부와 멕시코 북부가 원산지인 유니콘풀은 씨앗 꼬투리콩과 식물의 씨앗을 싸고 있는 껍질가 고리 모양으로 길게 구부러져 있어서 '악마의 발톱', '악마의 뿔'이라고도 불립니다. 유니콘풀의 뾰족한 발톱은 신발이나 동물의 발굽 등에 쉽게 달라붙습니다. 그렇게 다른 땅으로 이동한 뒤에 사람이나 동물의 발에 밟히면, 꼬투리가 터지면서 씨앗이 사방으로 흩어집니다. 유니콘풀의 분홍빛이 도는 노란 꽃은 매우 아름다워서 다가서고 싶어지지만, 되도록 멀리 떨어져 있는 편이 좋습니다. 닌자가 지니고 다니던 날카로운 갈퀴손처럼 날카로운 유니콘풀의 씨앗 꼬투리가 피부를 찢어 버릴 수도 있으니까요!

미끄럼틀 타는 이끼

질주하는 이끼galloping moss, *Grimmia ovalis*는 이름과 달리 질주하지는 않지만, 실제로 움직입니다. 물론 속도는 굉장히 느리지요. 이끼는 꽃을 피우지 않는 식물로, 그늘지고 습한 지역에 서식합니다. 어둡고 시원하고 축축한 나무나 바위, 흙 위에서 마치 양탄자처럼 빽빽하게 자라납니다. 질주하는 이끼는 특히 북극 지방과 고원지대처럼 영구동토

절대 떨어지지 않을 거야!

1947년 어느 가을, 스위스의 전기 기술자 게오르그 드 메스트랄George de Mestral은 키우던 개를 데리고 숲으로 산책을 갔습니다. 산책을 하던 중 개는 우연히 우엉에 몸을 비볐고, 털에 우엉 가시가 잔뜩 달라붙고 말았습니다. 집으로 돌아온 메스트랄은 가시가 어떻게 털에 달라붙어 있었는지 궁금해서 우엉 가시를 유심히 관찰했습니다. 그리고 그 결과 쉽게 붙였다 떼었다 할 수 있는 고정용 테이프의 아이디어를 얻게 됩니다. 그는 천 조각 두 개를 가져와서, 하나에는 우엉 가시처럼 아주 작은 나일론 갈고리들을 붙였고, 다른 하나에는 아주 작은 나일론 고리를 만들어서 붙였습니다. 두 천을 서로 마주 보게 붙여 놓자 잘 붙어 있었고, 힘을 주어 뜯어내면 쉽게 분리되어서 굉장히 편리했습니다. 메스트랄은 자신의 발명품에 '벨크로Velcro'라는 이름을 붙였습니다.

　벨크로는 오늘날 사진을 걸 때, 신발을 조이고 옷깃을 고정할 때, 가정용품을 정리할 때 등 다양한 용도로 쓰입니다. 국제 우주정거장에서 사는 우주 비행사들도 우주선 내부 벽에 여러 도구와 장비를 부착하기 위해 벨크로를 사용합니다. 벨크로가 없었다면 이 장치들은 지금도 우주선 내부를 둥둥 떠다니고 있었겠지요. 우주에서는 지구에서처럼 중력이 작용하지 않기 때문입니다.

메스트랄은 동물의 털에
잘 달라붙는 우엉 가시에서
벨크로의 아이디어를
얻었습니다.

층_{일 년 내내 땅이 얼어붙어 있는 지역}에 서식하는데, 바위 언덕에서 자라는 지의류에 달라붙은 채로, 함께 서서히 아래쪽으로 이동합니다. 지의류와 이끼가 함께 움직이면서 바위에는 지나간 흔적이 남습니다.

식물학자들에 따르면, 질주하는 이끼가 움직일 수 있는 건 바위틈에 스며든 물과 관련이 있다고 합니다. 추운 지방에서는 밤이면 물이 얼어붙습니다. 물은 얼면 부피가 커지므로 물이 고여 있던 바위틈은 더욱 벌어집니다. 그리고 아침이 되어 날이 풀리면 다시 녹은 물이 간밤에 더욱 깊어진 바위틈으로 스며듭니다. 다시 밤이 찾아오면 틈이 더욱 커지고, 이런 현상이 오랫동안 반복되면 바위는 조각나 버리고 맙니다. 식물학자들은 이처럼 바위가 갈라지고 이동하는 과정에서 질주하는 이끼와 지의류도 함께 이동한다고 봅니다. 그리고 이와 같은 현상을 '동결 융해 침식에 의한 이동_{solifluction floating}'이라고 부릅니다.

꿈틀꿈틀 움직이는 덩굴

교살자 무화과 같은 기생 덩굴들은 먹잇감이 될 숙주식물을 찾기 위해 몸을 움직입니다. 온대와 열대 지방에 서식하는 덩굴식물 새삼_{Cuscuta}도 그중 하나입니다.

새삼의 삶은 여느 식물과 다름없는 방식으로 시작됩니다. 씨앗에

새삼은 숙주가 될 수 있는 식물들이 내뿜는 화학물질의 '냄새를 맡는' 대단히 영리한 기생식물입니다. 한번 숙주의 몸에 달라붙으면 필요한 모든 양분을 빨아들여서 결국은 숙주를 죽음으로 몰아넣습니다.

어디 한번 움직여 볼까?

서 발아하여 땅으로 뿌리를 내리거든요. 하지만 일단 싹을 틔우고 나면 곧바로 숙주식물을 찾기 시작합니다. 그리고 마침내 숙주를 발견하면 줄기로 숙주식물을 휘감습니다. 그러곤 뿌리를 숙주식물의 관다발에 찔러 넣습니다. 관다발은 식물의 몸 전체에 물과 영양분을 공급해 주는 조직으로, 사람으로 치면 혈관과 비슷한 역할을 합니다. 그러므로 관다발을 장악한 새삼은 숙주식물이 광합성을 통해 만들어 낸 당분을 비롯한 영양분을 모조리 빨아들일 수 있지요. 숙주로부터 영양분이 공급되기 시작하면 토양에 내렸던 원래의 뿌리는 아주 시들어 버립니다. 더는 토양으로부터 양분을 흡수하지 않기 때문입니다.

새삼은 동시에 여러 숙주식물에 기생하기도 합니다. 그런데 녀석들은 과연 어떻게 숙주를 찾는 것일까요? 최근 이루어진 연구 결과, 새삼에게는 숙주가 내뿜는 화학물질의 '냄새를 맡는' 능력이 있다는 사실이 밝혀졌습니다. 냄새에 이끌린 새삼은 새로운 숙주식물을 향해 조금씩 자라납니다. 마치 닌자가 다음 희생자를 향해 은밀하게 접근하는 것처럼 말이죠. 새삼에게 물과 양분을 계속해서 빼앗기다 보면 숙주는 결국 죽고 맙니다. 미국 등지에서는 새삼이 자주개자리사료작물, 아마 섬유, 기름 등을 얻음, 감자 등 농작물에 피해를 주어 문제가 되고 있어요. 그래서 많은 나라에서는 새삼 씨앗의 수입을 법으로 금지하기도 합니다. 농부들도 제초제를 뿌리거나, 새삼이 숙주로 삼지 못하는 잔디 같은 농작물을 몇 년 동안 재배하는 등의 방법으로 새삼의 번식을 막으려고 노력합니다.

건드리지 마세요!

앞서 살펴본 것처럼 일부 식물은 다른 생물의 몸에 달라붙은 채 이동하거나, 숙주식물을 향해 조금씩 움직입니다. 반면에 그 자리에 그대로 머물면서 몸을 아주 조금씩만 움직이는 식물도 있습니다. 이들의 움직임은 눈에 거의 띄지 않을 정도로 작습니다. 몸을 살짝 구부리거나 흔들거나 꼬는 정도죠. 하지만 그런 미묘한 움직임 역시 식물의 생존에 굉장히 큰 영향을 미칩니다. 보통 이런 움직임은 스스로를 방어하거나 광합성을 위한 최적의 각도를 찾는 데 목적이 있습니다.

남아메리카와 중앙아메리카가 원산지인 미모사*Mimosa pudica*는 신경초라는 별명으로도 불립니다. 잎이 굉장히 민감하기 때문이에요. 뭔가가 닿거나, 흔들리거나, 다른 어떤 자극이 있으면 감촉성이 예민한 미모사는 곧바로 잎을 오므리며 아래로 축 늘어집니다. 이런 움직임은 아마 방어를 위해서일 가능성이 높습니다. 오그라든 상태로 축 늘어진 잎은 초식성 곤충과 동물의 눈에 시들고 맛없어 보이기 때문이에요. 미모사의 잎은 위험이 사라진 몇 분 후에야 다시 열립니다. 미모사의 학명인 '미모사 푸디카'는 '부끄러운'을 뜻하는 라틴어에서 왔습니다. 건드리면 잎을 오므리는 모습이 마치 부끄럼을 타는 것처럼 보이기 때문이겠지요. 미모사의 히브리어 이름 또한 '나를 만지지 마세요.'라는 뜻이라고 합니다.

미모사의 잎은 만지면 접히면서 아래로 처집니다.
포식자는 접힌 잎(가운데)을 보고 죽은 것으로 착각해 그냥 지나칩니다

태양을 사랑한 식물

해바라기*Helianthus*는 감촉이 아니라 햇빛에 반응합니다. 미성숙한 해바라기의 꽃봉오리는 종일 태양의 움직임을 따라 동쪽에서 서쪽으로 머리를 움직입니다. 이렇게 함으로써 해바라기는 더 많은 햇빛을 받을 수 있지요. 하지만 일단 성숙하고 나면 줄기가 굳어서 더는 태양을 따라 움직이지 못합니다.

해바라기 말고도 태양을 바라보며 움직이는 꽃은 또 있습니다. 사실 이런 식물은 상당히 흔하답니다. 다만 해바라기처럼 눈에 띌 정도로 심하게 움직이지 않을 뿐이지요. 식물의 싹 끝부분에는 특정한 화학물질에 자극을 받는 화학수용체가 있는데, 이것이 햇빛을 감지하고 그 정보를 몸의 다른 부분으로 보내 줍니다. 그러면 정보를 받은 식물이 햇빛을 향해 몸을 움직이는 것이지요.

찰스 다윈은 1880년 《식물의 운동력*The Power of Movement in Plants*》에서 이렇게 썼습니다. "빛을 향해 몸을 움직이지 않는 식물은 극히 드물다." 이처럼 햇빛을 따라 움직이는 식물의 속성을 빛을 향해 구부러지는 성질, 즉 '굴광성'이라고 합니다.

굴광성은 '광주기성'과 관련 있지만 같은 말은 아닙니다. 광주기성이란 빛을 얼마나 얻을 수 있는지를 감지한 뒤, 그에 따라 꽃을 피우는 시기를 조절하는 능력을 말합니다.

어린 해바라기는 굴광성이 있습니다.
태양을 마주 보기 위해 온종일 태양을 따라 움직입니다.

팔짝팔짝 뛰는 콩

'멕시코 점프 콩mexican jumping bean'은 미국 남서부 지역의 선물 가게에서 아주 잘 팔리는 상품입니다. 사실 이름과 달리 콩은 아니고, 멕시코 관목*Sebastiana pavoniana*의 씨앗 꼬투리입니다.

나방의 일종인 라스페레시아 살티탄*Laspeyresia saltitans* 암컷은 초여름이면 멕시코 관목의 꽃에 알을 낳습니다. 알은 부화하여 애벌레로 자랍니다. 애벌레는 먹이를 찾으려고 꽃 속에 있는 씨앗 꼬투리를 뚫고 들어갑니다. 그러고는 스스로 만들어 낸 실을 이용해서 구멍을 막습니다. 이 애벌레는 주변이 따뜻해지면 몸을 꿈틀거립니다. 그래서 씨앗 꼬투리를 손 위에 올리면 그 온기에 애벌레가 움직이면서 마치 씨앗 꼬투리가 점프를 하는 것처럼 보인다고 합니다.

어디 한번 움직여 볼까?

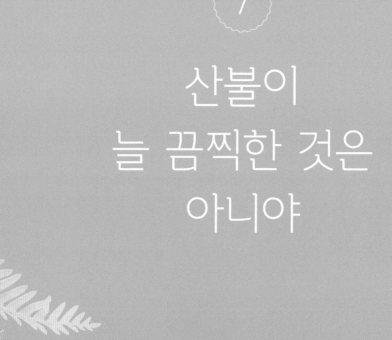

7

산불이
늘 끔찍한 것은
아니야

닌자들은 불도 잘 썼습니다.
폭약이나 불화살, 횃불 등을 이용해서
적의 거처에 불을 지르곤 했어요.

불의 힘은 강력합니다. 숲 근처에 사는 사람들에게 산불은 굉장히 두려운 존재이지요. 건조한 봄철이면 집부터 나무까지 모든 것을 집어삼키며 근방을 쑥대밭으로 만들어 버린 산불 소식을 쉽게 접할 수 있습니다.

하지만 식물에게 산불이 늘 끔찍한 재앙인 것만은 아닙니다. 일부 식물들은 산불이 나도 살아남을 수 있는 자기만의 방법을 찾았기 때문입니다. 실제로 소나무처럼 산불이 많이 나는 지역에 서식하는 여러 식물들은 불이 있어야만 단단한 씨앗 꼬투리를 열 수 있습니다. 미국 캘리포니아에서 흔히 볼 수 있는 상록수 만자니타manzanita, *Arctostaphylos*가 대표적입니다. 만자니타의 씨앗은 산불의 뜨거운 열기가 없으면 발아하지 않습니다.

산불은 또 다른 방식으로 식물에게 도움을 주기도 합니다. 산불이 숲 전체를 휩쓸고 지나가면 바닥에서 말라비틀어지거나 썩어 가던 죽은 나무의 유기물질이 모두 불에 타 버립니다. 그런데 다른 모든 유기물과 마찬가지로 죽은 식물에는 여전히 질소와 인 등의 영양분이 들어 있습니다. 불이 나면 죽은 식물이 썩어서 천천히 분해되는 것보다 훨씬 빠르게 이 양분이 흙으로 돌아갑니다. 일부 식물은 산불이

유칼립투스eucalyptus나무에는 불이 잘 붙는 기름 성분이 들어 있습니다.
그래서 산불이 나면 유칼립투스나무는 거대한 불길에 휩싸이고 말아요.
나무 주변에 가득한 나뭇잎과 나무껍질 덕분에 불길은 한층 더 거세어집니다.

지나간 후 비옥해진 흙에서 양분을 재빨리 흡수할 수 있어요. 예를 들어 백양나무나 금어초, 야생 오이, 블루베리나무 등은 불에 탄 땅에서 상당히 빠르게 되살아납니다. 그 덕분에 이들은 다른 식물들과의 경쟁에서 우위를 차지할 수 있습니다. 산불로 더욱 비옥해진 땅에 다른 식물들보다 훨씬 빠르게 자리를 잡기 때문입니다.

불을 좋아하는 식물

호주, 뉴질랜드, 뉴칼레도니아가 원산지인 페이퍼바크paperbark, *Melaleuca* 나무는 불에 타지 않는 내화성이 있습니다. 페이퍼바크나무의 하얗고 부드러운 껍질은 몸통에서 쉽게 벗겨집니다. 이곳 원주민들은 몇 세기 동안이나 이 나무의 나무껍질을 이용해서 지붕이나 방패, 작은 배 등을 만들기도 했어요.

페이퍼바크나무는 근처 땅에 떨어뜨린 씨앗을 통해 번식합니다. 그런데 산불이 나면 페이퍼바크나무는 단지 살아남는 정도가 아니라 더욱 번성합니다. 왜 그럴까요? 산불이 서식지를 집어삼키는 동안, 나무껍질은 불에 타서 사라지지만 촉촉한 속살은 전혀 타지 않기 때문입니다. 게다가 마른 상태로 있던 씨앗 꼬투리가 불의 열기 덕분에 열립니다. 산불이 씨앗을 널리 퍼뜨려 주는 것입니다. 그러고 나면 씨앗은 근처 흙에 터를 잡고 새로 싹을 틔웁니다. 페이퍼바크나무는 씨앗을 매년 약 2천만 개까지 만들어 낼 수 있다고 합니다.

미국 중부와 캐나다에 서식하는 방크스 소나무jack pine, *Pinus banksiana*도 산불을 기회로 삼아 씨앗을 퍼뜨립니다. 방크스 소나무의 솔방울은 끈적끈적하고 단단한 송진으로 밀봉되어 있습니다. 산불과 같은 강렬한 열기만이 이 송진을 녹여서 솔방울을 열고 속에 있는 씨앗을 퍼뜨릴 수 있어요. 이런 것을 '폐쇄성 솔방울'이라고 부릅니다. 폐쇄성 솔방울은 산불과 같은 환경 변화를 일으키는 요인이 있는 경우에만 씨앗을 방출합니다. 환경 변화가 있을 때까지는 몇 년이고 솔방울 안에 갇혀 있을 수밖에 없습니다.

자이언트 세쿼이아giant sequoia, *Sequoiadendron giganteum*는 캘리포니아 시에라네바다sierra Nevada 지역이 원산지인 나무로, 시에라 레드우드sierra redwood라고도 부릅니다. 세계에서 가장 큰 나무이기도 해요. 자이언트 세쿼이아의 키는 최대 91미터, 너비는 최대 9미터까지 자랍니다. 이 나무의 폐쇄성 솔방울에는 각각 200여 개의 씨앗이 담겨 있습니다. 하지만 방크스 소나무와 마찬가지로 씨앗이 퍼지려면 산불이 나서 솔방울이 터져야만 합니다.

또 다른 식물들은 불이 아니라 연기의 도움을 받습니다. 예를 들어 호주에 서식하는 사막 건포도나무desert raisin, *Solanum centrale*는 말린 건포도와 비슷한 열매가 열리는 작은 관목입니다. 사막 건포도나무의 씨앗은 연기에 반응하여 싹이 틀 때까지 휴면 상태로 땅속에 머무

호주에 서식하는 페이퍼바크나무의 씨앗 꼬투리는
산불이 나야만 열립니다. 종잇장처럼 찢어지는 건조한 껍질은
불에 타 버리지만 나무의 속살은 촉촉하기에 불타지 않습니다.

방크스 소나무의 솔방울은 강렬한 열기가 있어야만 열리면서 씨앗을
토해 냅니다. 산불은 방크스 소나무의 번식에 필수 요소입니다.

산불이 늘 끔찍한 것은 아니야

룹니다. 일부 식물학자들에 따르면, 연기로 활성화되는 부테놀리드 butenolide라는 물질이 이런 반응을 일으킨다고 해요. 사막 건포도 말고도 연기에 반응하여 싹을 틔우는 식물들은 화재가 자주 일어나는 지역에 주로 서식합니다. 불이 나지 않으면 씨앗이 움을 틔울 수 없으니, 어찌 보면 당연한 일이죠. 이런 식물들에게 연기는 비옥한 토양이 생겨났으니 서둘러 싹을 틔우라는 일종의 신호입니다.

방화범이 나타났다!

어떤 사람들은 특별한 이유 없이 불을 지르고 싶은 충동을 억누르지 못하고 방화를 저지릅니다. 이를 '병적 방화'라고 합니다. 인간 세계에서 '병적 방화'는 일종의 정신 질환이지요. 하지만 일부 식물에게 불을 붙이는 능력은 생존에 반드시 필요한 조건입니다.

'불타는 덤불'이라고도 불리는 백선Dictamnus은 유럽, 아프리카 일부 지역 및 아시아 대부분 지역의 따뜻한 산림에 서식합니다. 뜨거운 여름밤이면 백선은 아이소프렌isoprene이라는 화합물이 들어 있는 가연성 기름을 다량 만들어 냅니다. 식물학자들에 따르면 아이소프렌은 보통 백선의 몸을 식혀 주는 역할을 한다고 합니다. 즉 뜨거운 기후와 강렬한 태양으로부터 백선을 보호하는 것입니다.

외래 식물은 못 들어와요!

외국으로 여행을 다녀온 사람은 그곳에서 가지고 온 식물이나 씨앗이 있는지를 공항에 신고해야 합니다. 대체로 외국의 식물이나 씨앗을 우리나라로 가지고 들어오는 것은 허용되지 않습니다. 이유가 무엇일까요? 식물의 이파리들 사이에 외래종 곤충이 숨어 있을 수 있기 때문입니다. 이런 곤충들은 우리나라의 농작물에 엄청난 피해를 입힐 수 있습니다. 병충해를 막을 식물들의 방어 수단은 진화를 통해 서서히 만들어지기 때문에 우리나라 고유의 식물들은 외래종인 낯선 벌레들의 공격을 이겨 낼 수 없거든요.

　게다가 일부 외래종 식물은 그 자체로 침입종, 즉 천적이 없어서 새로운 환경에서도 빠르게 퍼지는 식물이라서 생태계를 파괴할 수 있습니다. 예를 들어 미국에서는 호주에 서식하는 페이퍼바크나무를 침입종으로 규정하고 있습니다. 호주에서는 바구미의 일종인 스누트 딱정벌레 덕분에 페이퍼바크나무의 수가 일정하게 유지됩니다. 천적이 없으니 침입종은 빠르게 생태계를 잠식합니다. 흙 속의 물과 무기물 등 모든 자원을 먹어 치우고, 심지어 우리 땅에서 자라는 고유종을 멸종시킬 수도 있습니다.

　미국에서는 농무부와 환경보호국 등의 정부 기관이 외래종 유입을 막기 위해 노력하고 있습니다. 식물보호법과 외래종유입방지법 등의 법률을 제정해 침입종이 미국으로 들어오지 못하도록 감시의 고삐를 늦추지 않고 있지요. 특정한 침입종이 미국 땅에 이미 자리를 잡아 버렸다면 산림청을 비롯한 여러 정부 기관이 나서서 침입종을 없애기 위해 해당 지역의 땅 소유주 및 농부들과 협력합니다.

그런데 백선의 온몸을 끈적끈적하게 뒤덮은 이 가연성 기름은 어떤 형태의 불이라도 닿으면, 예컨대 근처에 벼락이라도 떨어지면 그 즉시 화재를 일으키고 맙니다. 만약 누군가가 백선에 성냥불을 긋는다면 그곳은 온통 화염에 휩싸일 것입니다. 심지어 불에 타고 있지 않을 때에도 인간이든 동물이든 백선의 가연성 기름에 살이 닿으면 물집이 생길 수 있습니다. 이런 능력은 천적으로부터 스스로를 보호하기 위한 매우 효과적인 방어 수단입니다.

유칼립투스나무 또한 불을 일으키는 식물입니다. 호주가 원산지인 유칼립투스는 열대 및 온대기후기온이나 강수량이 극단적으로 변하지 않는 기후에서 잘 자라며, 향기롭고 불에 매우 잘 타는 기름을 만들어 냅니다. 그러므로 산불이 유칼립투스나무가 많은 지역을 통과하면 화염은 더욱 강해집니다. 유칼립투스나무의 주변 땅은 죽은 이파리들이 이룬 두꺼운 이불로 덮여 있습니다. 게다가 건조한 계절이 오면 유칼립투스나무의 껍질은 긴 띠 모양으로 벗겨집니다. 이때 나무의 껍질과 잎, 기름에 불길이 닿으면 나무는 폭발적인 화염에 휩싸이며 주변 지역에 연회색 가스와 독성 물질을 자욱하게 뿜어냅니다. 하지만 나무 자체는 불에 굉장히 잘 견딥니다. 산불이 지나간 뒤에도 나무는 껍질 아래에서 움을 틔울 수 있지요.

남아메리카 남부에 자생하는 팜파스그래스pampas grass, *Cortaderia argentea*는 최대 3미터까지 자랍니다. 가뭄이 든 마른 땅에 남은 귀한 물을 몽땅 흡수해 버려서 주변의 다른 식물들이 수분을 충분히 섭취하지 못하게 하는 못된 식물이지요. 이 때문에 주변 식물들이 모두 죽어버리면 팜파스그래스 주변에는 가볍고 마르고 불에 잘 타는 식물의 마른 잎들만이 가득해집니다. 이때 산불이 일어나면 팜파스그래스 주변은 큰 불길에 휩싸이게 됩니다. 하지만 팜파스그래스는 불에 잘 견딥니다. 산불이 지나가고 나면 팜파스그래스의 잎은 불에 타 죽지만 관근 ^{뿌리의 맨 윗부분으로, 줄기가 자라나는 곳}은 쉽게 재생됩니다.

무지개 나무

나무껍질은 대부분 갈색입니다. 가끔 흰색도 있고요. 그런데 동남아시아의 여러 섬에 서식하는 레인보우 유칼립투스나무*Eucalyptus deglupta*는 한 가지 색깔만을 고집하지 않습니다. 먼저 나무의 속껍질은 녹색입니다. 그런데 시간이 지나 껍질이 성숙하면 그 색깔이 파랑, 자주, 주황, 빨강을 거쳐 마침내 갈색으로 변합니다. 그 후에는 벗겨져 떨어지며 밑에 새로 생긴 초록색 껍질켜가 겉으로 드러납니다. 또한 껍질은 한꺼번에 벗겨지지 않고, 긴 띠 모양으로 조각조각 떨어져 나옵니다. 그 결과 레인보우 유칼립투스나무는 일 년 내내 다양한 색깔의 껍질을 가질 수 있게 되었습니다.

이렇게 껍질이 쉽게 벗겨지면 몇 가지 이점이 있습니다. 유칼립투스는 성장 속도가 굉장히 빠른데, 나무껍질이 쉽게 벗겨지는 덕에 나무 몸통도 그만큼 빨리 자랄 수 있습니다. 또한 얇게 벗겨지는 껍질 부분에서는 증산작용을 통해 수분이 빠르게 증발합니다. 이런 식으로 물이 빠르게 순환되면 나무는 더 빨리 성장할 수 있습니다.

레인보우 유칼립투스나무의 껍질 색깔은 시간이 흐름에 따라 변합니다.
껍질이 언제 벗겨지느냐에 따라 색깔이 다르기 때문에
나무는 저마다 다양한 색깔의 줄무늬 옷을 입고 있습니다.

식물에게
보내는
러브레터

인간과 식물 사이의 관계를 논하기 전에는
이야기를 끝맺을 수 없을 겁니다.
식물은 우리가 생명을 유지할 수
있도록 해 주는 존재이기 때문입니다.

사람과 동물은 식물로부터 양분을 섭취하고, 호흡에 필요한 산소를 얻습니다. 선사시대부터 식물의 수액, 껍질, 기름, 잎은 약재로 사용되기도 했지요. 또한 식물은 지난 수천 년 동안 수많은 작가와 예술가들에게 영감을 불어넣어 주었습니다.

미국의 자연주의 예술가 윌리엄 바트럼William Bartram도 그중 하나입니다. 그는 글과 그림을 통해 식물에 대한 사랑을 표현하곤 했습니다. 1791년에는 플로리다주, 조지아주, 캐롤라이나주를 여행하며 목격한 식물의 아름다움을 《윌리엄 바트럼 여행기The Travels of William Bartram》로 펴내기도 했지요. 이 책은 21세기인 현재까지도 미국을 대표하는 자연주의 에세이로 손꼽힙니다.

그 밖에도 많은 예술가들이 작품을 통해 식물에 대한 사랑을 표현했습니다. 저명한 어린이 책 작가 셸 실버스타인Shel Silverstein은 1964년 그림책 《아낌없이 주는 나무》를 썼습니다. 언제나 인간의 소중한 친구가 되어 주는 나무들에 대한 존경의 마음을 담은 책이지요. 유명한 팝스타 스티비 원더Stevie Wonder는 1979년 〈스티비 원더의 '비밀스러운 식물의 세계' 탐험Stevie Wonder's Journey through "The Secret Life of Plants."〉이라는 앨범 전체를 직접 작곡하고 녹음했습니다. 같은 제목의 자연 다큐멘터

셸 실버스타인의 《아낌없이 주는 나무》는 한 소년이
노인이 될 때까지 나무에게 헌신적인 사랑을 받는다는
이야기입니다. 고대부터 인류는 주변 식물들을 귀하게 여기며
그에 관한 수많은 이야기와 노래, 예술 작품을 지었습니다.

리를 찍기도 했고요. 또한 미국의 유명 가수 프린스Prince가 작곡하고, 아일랜드 출신 가수 시네이드 오코너Sinead O'Connor가 부른 팝송 〈그 무엇도 당신과 비교할 순 없어요Nothing compares to U〉에도 식물에 대한 노랫말이 등장합니다.

그런가 하면 영국 시인 펠릭스 데니스Felix Dennis는 2003년 자신의 고향 주변 지역에 숲을 재건하기 위해 자선단체를 설립했습니다. 그 후 이 단체는 실제로 1백만 그루가 넘는 나무를 심었습니다. 데니스는 〈누구든지 나무를 한 그루 심는 이에게Whosoever plants a tree〉라는 자신의 대표작에서, "나무를 한 그루 심는다는 건 불멸과 나누는 눈짓"이라는 말을 남겼습니다. 우리가 나무를 한 그루 심으면 자연 세계는 절대 스러지지 않는 영원의 존재가 된다는 메시지를 담고 있습니다.

인기 있는 비디오게임, TV 프로그램, 영화에도 식물이 등장합니다. 〈식물 대 좀비Plants vs. Zombies〉라는 비디오게임에서는 집주인이 식물을 이용해서 좀비들을 소탕합니다. 미국의 인기 만화 〈심슨 가족The Simpsons〉 시리즈 중 '호머 씨의 신비로운 여행'이라는 에피소드에서 아버지 호머 씨는 '과테말라 미치광이 고추'를 먹고 환각 속에서 여행을 합니다. 1982년에 미국의 브로드웨이Broadway 무대를 휩쓴 뮤지컬 〈공포의 꽃가게Little Shop of Horrors〉는 1986년 영화로 제작되어 큰 성공을 거두었는데, 이 영화는 인간의 피를 맛볼 수 있는 꽃집 시모어Seymour에서 육식식물을 키우면서 생기는 다양한 이야기를 담고 있습니다. 또한 2015년 영화 〈마션The Martian〉에서 우주 비행사로 등장하는 맷 데이먼Matt Damon은 인간이 살 수 없는 황량한 행성, 화성에서 식물이 자랄 수 있도록 하기 위해 갖은 노력을 기울이기도 합니다.

이처럼 문학과 예술계에서 식물은 낯선 소재가 아닙니다. 고대부터 전해 내려오는 이야기 중에도 식물에 대한 것이 많습니다. 아주 오랜 옛날, 기원전 약 2100년 고대 메소포타미아Mesopotamia 오늘날의 중동 지역에서 지어진 《길가메시 서사시The Epic of Gilgamesh》도 그중 하나입니다. 이 서사시의 주인공인 영웅은 불멸의 열쇠를 쥔 마법의 식물을 찾아 헤맵니다. 아시아에서는 대나무에 관한 다양한 이야기가 전해 내려옵니다. 예를 들어 필리핀의 창조 신화에서는 세계 최초의 인간이 대나무의 줄기에서 태어났다고 합니다.

콩을 너무 신성시한 나머지 먹을 수 없다고 믿은 고대 이집트인들을 제외하면, 콩은 인류에게 매우 중요한 식량 자원이었습니다. 아메리칸인디언들, 예를 들어 이로쿼이Iroquois족이나 호피Hopi족 등은 축제나 여러 가지 이야기를 통해 콩의 존재에 감사를 나타냈습니다. '피타고라스의 정리'로 유명한 고대 그리스의 철학자 피타고라스Pythagoras는 콩 안에 죽은 사람들의 영혼이 깃들어 있다고 믿기도 했다는군요. 음, 다음번에 콩 요리를 먹을 때 좀 섬뜩하겠죠?

사랑은 어디로 가 버렸나요?

식물이 우리 삶에서 이렇게나 중요한 역할을 맡고 있고, 역사적으로도 많은 작가와 음악가 등이 식물을 사랑해 왔지만, 현대사회는 식물을 점점 더 남용하고 있습니다.

세계적으로, 특히 미국 같은 선진국에서는 탄소가 주성분인 화석연료, 즉 석유, 석탄, 천연가스 등을 사용하여 자동차와 공장에 전력을 공급하고 난방을 합니다. 화석연료는 고대의 동물과 식물의 사체가 썩으면서 생성된 연료인데, 태울 때 엄청난 양의 이산화탄소가 대기 중으로 방출됩니다. 이산화탄소를 비롯하여 메탄methane, 오존ozone, 아산화질소nitrous oxide 등의 온실가스는 태양열을 지구의 대기 중에 가두는 역할을 하기 때문에, 인류가 점점 더 많은 온실가스를 방출함에 따라 지구의 기온이 점점 상승하고 있습니다.

기온이 상승하면서 북극과 남극의 얼음이 녹고 있으며, 이는 결국 해수면 상승, 기후변화, 엄청난 폭풍과 가뭄 등의 심각한 문제를 낳았습니다. 일부 지역은 이미 큰 피해를 입었고, 수많은 식량 작물과 다른 식물들도 기후변화의 영향으로 죽음에 이르게 되었지요. 가뭄, 폭풍, 해수면 상승은 수천 명의 '기후 피난민'을 만들어 내기도 했습니다. 그들은 정든 고향을 떠나 먼 나라로 갈 수밖에 없었어요.

또한 지구에서는 매년 1,200만 헥타르의 숲이 사라지고 있습니다.

태평양 서쪽에 있는 섬나라 키리바시Kiribati의 에이타Eita라는 마을은
지난 2015년 가을에 일어난 홍수로 마을 대부분이 물에 잠겼습니다.
해수면이 상승하면서 섬에 사는 동물과 식물이 생존을 위협당하고 있습니다.
키리바시는 앞으로 수십 년 안에 완전히 바다 밑으로 가라앉을 수도 있다고 합니다.

사람들은 한때는 열대우림이었던 곳에 농장, 도로, 광산, 공장을 건설하거나 집을 지으려고 숲을 파괴합니다. 이산화탄소를 흡수하는 나무가 줄어들면서 오늘날 지구에는 150년 전에 비해 이산화탄소가 30퍼센트나 더 늘어났습니다. 화석연료를 많이 사용하고 숲을 파괴한 결과이지요. 그런데 삼림 파괴숲이 빠르게 파괴되거나 불타 사라지는 현상는 기후만 변화시키는 게 아닙니다. 열대 지방에 사는 많은 토착 부족들도 전통적인 생활방식과 집을 잃고 있습니다.

식물은 인간에게 늘 중요한 식량 자원이었습니다. 그러나 현대의 소비자들은 전체 식량의 90퍼센트를 오로지 30여 가지 식물에 의존하고 있습니다. 옥수수나 밀처럼 사람들이 즐겨 먹는 식량 작물을 재배할 때 농부들은 거대한 농지에 오로지 그 한 가지 작물만을 키웁니다. 이런 재배 방식을 '단일 재배'라고 합니다. 그런데 단일 재배는 환경을 파괴할 수 있습니다. 예를 들어 옥수수는 땅에서 엄청난 양의 질소를 빨아들입니다. 따라서 옥수수만 재배하는 농장에서는 부족한 질소를 보충하기 위해 다량의 화학비료를 뿌릴 수밖에 없습니다. 땅에 남아 있는 화학비료는 폭우가 내리면 주변 시냇물과 강으로 흘러가겠지요. 그리고 이렇게 오염된 물은 결국 바다로 흘러듭니다. 산업화된 대규모 농장에서는 해충과 잡초를 죽이려고 화학 살충제와 제초제도 사용합니다. 이런 화학물질은 공기와 물을 오염시켜서 결국 사람들이 먹는 식량 작물까지도 오염시킵니다.

미국에는 옥수수를 키우는 농장이 굉장히 많습니다. 옥수수는 식량 작물일 뿐 아니라 차량용 연료로도 사용되기 때문입니다. 그런데 옥수수를 키우는 데는 엄청난 양의 물이 소모됩니다. 그래서 많은 이들은, 귀중한 물을 연료용 옥수수를 키우는 데 쓰지 말고 사람이 먹을 식량을 재배하는 데 써야 한다고 주장합니다. 미국에는 식용 돼지와 소 등 가축을 키우는 농장도 많습니다. 그런데 가축을 키우려면 식물을 재배할 때보다 훨씬 더 넓은 땅이 필요합니다. 그러므로 같은 크기의 땅에서라면 동물을 키우기보다 식량 작물을 키워야 더 많은 사람에게 식량을 공급할 수 있습니다.

우리가 음식으로 먹는 식물의 종류는 적은 편이지만, 약재로 쓰이는 식물은 7만여 종이나 됩니다. 특히 신약의 원료로 사용되는 식물은 대부분 열대우림에서 서식합니다. 예를 들어 마다가스카르 페리윙클madagascar periwinkle이라는 식물로 만든 신약 덕분에 미국에서는 급성 림프구 백혈병을 앓던 수많은 어린이가 목숨을 구할 수 있었습니다. 하지만 열대우림 식물 가운데 그 잠재적 효능이 밝혀진 것은 1퍼센트도 안 됩니다. 여전히 수많은 식물이 기회가 오기만을 기다리고 있습니다. 이제 인류는 더 서둘러야 합니다. 숲이 끊임없이 파괴됨에 따라 지구상에 존재하는 모든 식물대부분이 열대우림에서 자라고 있지요. 가운데 약 68퍼센트가 멸종 위기에 놓여 있기 때문입니다.

산업화된 대규모 농장에서 사용하는 화학 살충제와 제초제 때문에 대기와 물이 오염되고 있습니다. 특히 옥수수 재배는 흙 속에 있는 질소를 대부분 써 버리고, 엄청난 양의 물을 사용합니다. 이런 문제를 해결하기 위해 많은 농부들이 친환경 농업 운동을 벌이고 있습니다.

고기 없는 월요일

'고기 없는 월요일Meatless Monday' 운동에 참여하는 사람들이 점점 늘고 있습니다. 이 운동은 2003년 시드 러너Sid Lerner와 존스홉킨스 블룸버그 공중보건대학Johns Hopkins Bloomberg School of Public Health이 처음 제안했습니다. 원칙은 간단합니다. 일주일에 하루만이라도 고기를 먹지 않는 것입니다. 지방 섭취를 줄여 암과 심장 질환의 위험을 줄이고 동시에 환경도 보호하자는 취지입니다. 소고기 500그램을 생산하는 데 휘발유(화석연료) 3.8리터가 소모됩니다. 따라서 소고기 소비를 줄이는 것만으로도 화석연료 사용을 줄이고, 결국 이산화탄소 배출량도 줄일 수 있습니다.

고기 없는 월요일 운동은 큰 호응을 얻고 있습니다. 세계 36개국의 수많은 사람이 이 운동에 참여하고 있습니다. 볼리비아에서는 이 운동을 '루네스 신 카르네Lunes Sin Carne(고기 없는 월요일)'라고 부르고, 프랑스에서는 '주디 베기Jeudi Veggie(채식하는 목요일)'라고 부릅니다.

식물을 보호하는 몇 가지 방법

전 세계 많은 사람이 기후변화에 대처하고 식물과 식량 작물을 보호하기 위해 노력하고 있습니다. 예를 들어 세계 여러 도시에서는 사무실과 식당 건물 옥상에 정원을 만듭니다. 여름이면 정원 덕분에 뜨거운 햇볕을 피할 수도 있고, 농작물을 직접 키워서 주변 식당에 공급할 수도 있어서 아주 유용합니다. 일종의 농산물 직판장인 파머스 마켓Farmer's market 또한 세계적으로 인기를 얻고 있습니다. 소비자들은 이곳에서 화학 살충제와 비료 없이 기른 지역의 유기농 농산물을 구매할 수 있습니다.

하지만 이제는 파머스 마켓뿐 아니라 대형 슈퍼마켓에서도 유기농 농산물을 판매합니다. 2002년부터 2011년 사이에 미국 유기농 농작물의 생산량은 무려 250퍼센트 가까이 늘어났습니다. 미국 내 유기농 식품의 연간 매출액은 2012년 813억 달러를 넘어섰고, 지금까지 매년 14퍼센트씩 꾸준히 늘어나고 있습니다. 유기농 농산물을 재배할 때는 유해한 화학물질을 사용하지 않으므로 새를 비롯한 작은 동물들에게 위협을 가하지 않으며, 우리가 먹을 물을 오염시키지 않습니다. 또한 지역 농산물의 판매도 활발해지고 있습니다. 지역 농산물을 애용하면 그 지역 농부들의 생계에 도움이 될 뿐 아니라 식품을 농장에서 가게로 운반할 때 쓰는 화석연료의 양도 줄일 수 있습니다.

또한 많은 나라에서 나무 심기 운동을 벌이고 있습니다. 아프리카에서는 '거대 녹색 장벽 운동Great Green Wall Initiative'이 활발합니다. 사막화_{한때 비옥했던 토양이 사막으로 변해 가는 현상}가 더 심해지는 것을 막고자 사하라 사막의 남쪽 가장자리를 따라 나무를 심는 운동입니다. 2005년 나이지리아 전 대통령인 올루세군 오바산조Olusegun Obasanjo가 처음 아이디어를 냈는데, 많은 사람이 이 운동에 참여한 덕분에 아프리카 여러 나라에서 토양이 비옥해지고, 농작물 수확량이 증가하는 등 결실을 거두었습니다. 그런가 하면 케냐의 환경 운동가인 왕가리 마타이Wangari Maathai는 1977년에 '그린벨트 운동Green Belt Movement'을 창설했습니다. 케냐 농촌 지역의 강이 마르자 강둑에서 자라는 나무의 수가 줄어들었고, 그곳에 사는 여성들은 장작을 얻으려고 먼 거리를 걸어 다녀야 하는 심각한 상황이었습니다. 수많은 여성이 그린벨트 운동에 참여했고, 자그마치 5,100만 그루가 넘는 나무를 심을 수 있었습니다.

여러 나라 정부들도 탄소 배출량을 줄이기 위해 노력하고 있습니다. 2015년 국제연합UN, United Nations은 기후변화에 대응할 방안을 논의하기 위해 각국 대표들을 프랑스 파리로 불러 회의를 열었습니다. 회의 결과 세계 195개국이 삼림 파괴를 막고 탄소 배출량을 줄일 방법을 함께 찾아보기로 합의했습니다. 그 후 삼림 파괴를 막기 위해 '10억 그루 나무 심기 운동the Billion Tree Campaign'이 시작되었습니다. UN 환경계획UN Environment Programme과 브라질의 아마존 펀드Amazon Fund의 주도로 시작된 이 프로젝트는 우림이 급속하게 파괴되는 것을 예방

인간이 삼림 파괴 및 기후변화와 싸울 수 있는 방법 중 하나는 바로 나무 심기입니다.
케냐의 환경 운동가 마타이(위 사진)는 1970년대 후반에 그린벨트 운동을 창설했고,
이 운동에 참여한 많은 사람이 케냐에 5,100만 그루가 넘는 나무를 심었습니다.
마타이는 2004년 아프리카 여성으로서는 최초로 노벨 평화상을 수상했습니다.

하고, 감시하기 위한 자금을 모으고 있습니다.

여러분이 미래를 바꿀 수 있습니다

식물을 보호하기 위해 여러분은 과연 어떤 일을 할 수 있을까요? 쉬운 일부터 시작해 봅시다. 가까운 어른이나 친구들과 함께 집 안마당이나 근처 공원에 나만의 작은 정원을 만들어 보세요. 학교 선생님과 친구들에게 제안하여 학교에 나무를 심는 것도 좋겠지요. 자가용 대신 버스나 지하철 같은 대중교통을 이용하도록 노력해 봅시다. 많은 사람이 함께 타는 대중교통을 이용하면 각자 자가용을 이용하는 것보다 화석연료 사용량을 훨씬 줄일 수 있습니다. 자가용보다는 대중교통이 훨씬 자연 친화적인 교통수단이에요. 지역 공무원에게 이메일을 보내서 주변에 녹지를 더 만들고, 멸종 위기에 빠진 식물을 보호하도록 도와 달라고 요청해 보는 건 어떨까요? 기후변화를 막기 위한 싸움에 동참해 달라고 부탁해 보는 것도 좋겠지요.

지금도 많은 청소년이 지구를 보호하기 위해 노력하고 있습니다. 미국 매사추세츠주에 자리한 웰즐리 고등학교Wellesley High School에 재학 중인 올리비아 가이거Olivia Gieger와 샤머스 밀러Shamus Miller, 보스턴 라틴 학교Boston Latin School에 재학 중인 이저벨 카인Isabel Kain과 제임스

코클리James Coakley는 온실가스 배출량 감축에 실패한 매사추세츠주를 상대로 소송을 냈습니다. 그리고 2016년 승소했습니다! 이들 외에도 화석연료를 태양열이나 풍력 같은 청정에너지로 바꾸려는 노력에 앞장서는 청소년들도 있습니다. 또한 많은 청소년이 가전제품을 사용하지 않을 때 전원을 끄고, 물을 아껴 쓰고, 기후변화에 맞서 싸우려면 어떻게 행동해야 하는지를 알리고 있지요. 작은 노력일지라도 모이면 엄청난 변화를 일구어 낼 수 있습니다.

지금은 식물과 나무를 사랑하는 마음을 다시 다져야 할 때입니다. 마치 닌자처럼 경쟁에서 살아남고 천적을 물리치기 위해서는 끔찍한 술수도 마다하지 않는 식물들이지만, 자연을 파괴하는 인간의 손길만큼은 피하지 못합니다. 식물은 인류의 생존을 위해서도, 건강한 지구를 유지하기 위해서도 꼭 필요한 존재입니다. 그런 식물들이 우리의 도움을 필요로 하고 있습니다. 기후변화와 삼림 파괴에 대한 경각심을 일깨우고, 위험에 빠진 식물들을 구하기 위해 끊임없이 노력해야만 우리는 식물들의 놀랍고도 비밀스러운 세계를 계속해서 지켜볼 수 있습니다.

용어 설명

감촉성 감촉으로 일어나는 식물의 움직임. 파리지옥의 잎이 곤충을 잡기 위해 닫히는 현상이나, 동물이 만지면 잎이 축 처지는 현상 모두 감촉성의 일종이다.

고착성 생물 달라붙은 채 움직이지 않는 생물.

공생 종류가 다른 생물이 같은 곳에서 살며 서로에게 이익을 주며 함께 사는 일.

광주기성 식물이 낮의 길이 같은 햇빛의 변화에 반응하는 성질. 식물이 꽃을 피우는 시기에 영향을 미친다.

광합성 녹색 식물이 햇빛과 이산화탄소, 물을 합성하여 양분을 만드는 과정.

굴광성 식물이 햇빛을 따라 움직이는 성질.

균류 살아 있거나 죽은 유기물로부터 양분을 흡수하며 살아가는 유기체로, 식물은 아니다. 곰팡이와 버섯이 모두 균류에 속한다.

기생식물 다른 생물, 즉 숙주로부터 양분을 빼앗으며 살아가는 식물. 스스로 양분을 합성하는 대신, 다른 식물의 줄기나 가지에 달라붙은 채 양분을 흡수한다.

꽃가루 수꽃에서 만들어지는 아주 작은 알갱이로, 꽃가루 속에 식물의 정자, 즉 수컷 생식세포가 있다. 식물이 생식하려면 꽃가루가 수꽃에서 암꽃으로 이동해야 한다.

꽃가루 매개자 식물의 수분을 돕는 생물 또는 비생물 매개자.

꽃차례 꽃 여러 개가 꽃자루 하나에 모여 핀 형태.

꿀 꽃의 꿀샘에서 분비되는 달콤한 액체. 꽃의 꿀을 먹고 사는 꽃가루 매개 곤충들을 유인한다.

난자 밑씨 안에서 생겨나는 암컷 생식세포. 난자가 꽃가루 속에 든 정자(수컷 생식세포)와 결합하면 밑씨는 씨앗으로 자라난다.

능동적인 덫 곤충을 잡아먹는 식물들이 쓰는 덫 가운데 빠르게 움직여서 먹이를 잡는 덫을 말함. 포획형 덫과 흡입형 덫이 여기에 속한다.

ㄷ ～～～～～～～～～～～～～～～～～～～～～～～～～～～～～～～～～～～～～

데옥시리보핵산^{DNA} 유기체의 몸에 관한 모든 유전정보를 담은 분자.

도드슨 의태 식물의 모방 행동의 일종으로 특정한 꽃가루 매개 곤충을 유인하기 위해 꽃이 다른 종의 꽃을 모방하는 현상.

돌연변이 동식물의 유전물질에 나타나는 변화로, 후손들에게 전달된다. 돌연변이 중에는 해로운 것도 있지만 이로운 것도 있으며, 별다른 영향을 주지 못하는 것도 있다. 별다른 이유 없이 나타나는 돌연변이가 있는가 하면 방사능이나 화학물질에 노출된 이후에 발생하는 돌연변이도 있다.

ㅁ ～～～～～～～～～～～～～～～～～～～～～～～～～～～～～～～～～～～～～

먹이 다른 동물에게 잡아먹힌 동물이나 식물.

멸종 특정한 종에 속하는 모든 개체가 사라지는 것. 식물 종은 광합성을 하는 데 필요한 자원을 획득하지 못하거나, 적으로부터 스스로를 보호하지 못하거나, 생식을 하는 데 실패하면 멸종할 수 있다.

무성생식 생식의 일종으로 부모 개체의 세포로부터 새로운 개체가 생성되는 번식 방법. 하나의 부모 개체로부터 똑같은 유전자를 물려받는다.

ㅂ ～～～～～～～～～～～～～～～～～～～～～～～～～～～～～～～～～～～～～

바빌로프 의태 농작물 근처에서 자라는 식물이 잡초의 특징을 모방하는 것.

발아 씨앗에서 싹이 자라기 시작하는 것.

베이츠 의태 식물이 일으키는 모방의 한 형태로, 무해한 식물 종이 유해한 식물 종을 모방하는 현상. 이를 통해 천적을 쫓아낸다.

베이커 의태 식물 세계에서 일어나는 모방의 한 형태로, 암꽃이 같은 종의 수꽃을 모방하는 현상. 이를 통해 수분에 도움을 받는다.

부름켜 나무껍질 바로 안쪽에 있는 조직으로, 세포의 생장이 일어나며 물과 양분의 이동이 일어나는 곳이다.

비생물 식물의 생장에 영향을 미치는 화학적, 물리적 환경 가운데 생물이 아닌 것. 예컨대 햇빛, 기온, 바람, 강수량(눈이나 비) 등이 있다.

ㅅ ～～～～～～～～～～～～～～～～～～～～～～～～～～

삼림 파괴 숲이 빠르게 파괴되거나 불타 사라지는 현상.

생태계 생존을 위해 다양한 생물과 무생물이 서로 의존하면서 살아가는 공동체. 식물, 동물, 수자원, 암석, 토양 등이 모두 생태계의 일부다.

솔방울 일부 나무와 관목의 씨앗이 들어 있는 구조물로, 비늘로 뒤덮여 있다. 구과식물의 수꽃에서는 꽃가루가 생기고, 암꽃에서 밑씨가 생긴다. 수꽃에 있던 꽃가루는 바람이 불면 암꽃으로 날아가 밑씨와 만나 수정한다. 때로는 산불이 나서 단단하게 닫혀 있던 구과를 열어야 그 속에 있던 씨앗이 밖으로 터져 나온다.

수동적인 덫 포충낭과 끈끈이 덫처럼 움직이지 않고 곤충을 잡는 식충식물의 덫. 곤충들은 식물의 미끄러운 벽이나 끈적끈적한 물질 때문에 내부에 붙잡혀 도망갈 수 없다.

수분(꽃가루받이) 꽃가루가 식물의 수꽃에서 암꽃으로 이동하는 것. 곤충, 새, 바람이 주로 도움을 준다.

수액 나무 줄기와 뿌리, 이파리 등에서 발견되는 액체. 수액은 식물의 몸 전체에 물과 무기질을 전달해 준다.

수정 식물의 정자가 밑씨 속 난자와 결합했을 때 일어나는 화학적 변화. 수정이 일어나면 밑씨는 씨앗으로 변한다.

수증기 공기 중에 기체 상태로 떠 있는 수분.

식물학 식물의 구조와 행동, 특징을 연구하는 학문. 식물학을 연구하는 과학자를 식물학자라고 한다.

식물호르몬 식물의 성장과 세포분열, 과일의 숙성, 휴면 등을 조절하는 화학물질.

식충식물 토양에 부족한 질소와 황 등의 양분을 얻기 위해 곤충을 섭취하는 식물.

열 발생 생물이 스스로 열을 발생시키는 과정. 식물은 곤충을 유인하거나 열매를 덥혀서 씨앗을 널리 퍼뜨리기 위해, 또는 씨앗이 자라날 땅을 녹이기 위해 열을 발생시킨다.

엽록소 나뭇잎에서 발견되는 초록색 화학 색소. 태양으로부터 빛에너지를 흡수한다. 이산화탄소와 물을 빛에너지와 결합하여 당의 일종인 포도당을 생성함. 식물은 포도당을 양분으로 바꾼다.

영구동토층 일반적으로 고원지대나 극지방에 생기는 영구적으로 얼어 있는 땅.

영양생식 무성생식의 일종으로 수정하지 않고도 새로운 개체를 만들어 내는 것. 부모 식물과 유전적으로 완전히 동일한 개체가 생겨난다.

온대기후 기온이나 강수량이 극단적으로 변하지 않는 기후.

원뿌리 식물 줄기에서 뻗어 나온 가장 큰 뿌리.

유전자 DNA로 이루어진 화학 구조물로, 모든 생물의 세포 속에서 발견된다. 부모에게 물려받는 유전자가 살아 있는 유기체의 모든 특징을 결정한다.

유충 알에서 깨어난 곤충의 애벌레.

육식 생물 동물이나 곤충을 먹는 생물. 식물 중에도 육식식물이 있다. 덫으로 곤충을 잡은 뒤 양분을 소화한다.

응결 수증기가 액체 상태의 물로 변하는 것. 나뭇잎에서 응결된 수증기는 광합성의 원료로 사용될 수 있다.

의사 교접 수컷 곤충이 암컷을 모방한 식물과 짝짓기를 하려는 것. 그 과정에서 수컷 곤충은 온몸에 꽃가루를 뒤집어쓰고 꽃의 수정을 돕는다.

이끼 작고 푸른 식물로 꽃은 아니다. 축축하고 그늘진 바위, 나무, 토양에서 촘촘한 양탄자 모양으로 자란다.

자실체 균류에서 포자를 생성하는 우산 모양의 구조물. 포자는 자라서 새로운 개체가 된다.

자연선택 생물이 생존에 유리한 형질을 후손에게 물려주는 과정. 세대가 반복되면서 유리한 형질은 더욱 흔하게 나타나고 불리한 형질은 점차 사라진다.

점액 식물이 만들어 내는 끈적끈적하고 걸쭉한 물질로, 수분을 보존하거나 씨앗을 퍼뜨리거나 양분을 저장하는 데 중요한 역할을 한다.

접붙이기 나무의 두 부분(대목과 접순)을 이어 붙이는 기법. 두 부분을 연결해서 단단히 고정하면 부름켜에서 새로운 세포가 자라서 하나로 연결된다.

정자 식물의 수컷 생식세포로, 꽃가루 안에서 만들어진다. 정자가 밑씨 속 암컷 생식세포와 결합하면 밑씨는 씨앗으로 자라난다.

종 생물학적으로 분류한 동물과 식물의 기본 단위. 같은 종에 속하는 개체는 다른 생물과 구분되는 특징을 공유한다. 또한 같은 종 내에서는 번식을 통해 후손을 낳을 수 있다.

증발 액체 상태의 물이 수증기로 변하는 과정. 식물의 증산 과정에서는 나뭇잎에서 물이 증발된다.

증산 식물의 몸속 수분이 잎을 통해 증발하는 현상.

지의류 조류와 균류가 함께 자라며 이루는 식물과 비슷한 유기체. 보통 토양이나 바위, 나무껍질 위에서 자란다.

진화 여러 세대를 거치면서 식물의 특징이나 행동 양식이 바뀌는 것. 식물은 환경 변화나 다른 식물과의 경쟁, 천적의 위협 등 외부의 영향에 적응하는 과정에서 진화한다.

ㅊ 〰〰〰〰〰〰〰〰〰〰〰〰〰〰〰〰〰〰〰〰〰〰〰〰〰

체관부 이파리에서 식물의 다른 부분으로 양분을 전달해 주는 통로.

침입종 자연계에 천적이 거의 없어서 새로운 환경에서 빠르게 번식하는 식물. 침입종 때문에 토종 식물이 멸종할 수 있다.

ㅍ 〰〰〰〰〰〰〰〰〰〰〰〰〰〰〰〰〰〰〰〰〰〰〰〰〰

푸야네 의태 식물의 모방 행동의 일종으로, 특정 곤충의 암컷과 생김새나 냄새가 비슷한 꽃을 이용하여 수컷을 유인하는 것. 수컷 곤충은 꽃을 암컷이라고 생각하고 짝짓기를 시도하기 때문에 온몸에 꽃가루를 묻히게 된다. 그 상태로 다른 꽃에 앉으면 꽃의 수분을 돕게 된다.

폐쇄성 솔방울　불 같은 환경 변화에 반응하여 씨앗을 퍼뜨리는 솔방울.

포도당　광합성의 결과 만들어진 당의 일종으로, 식물에게 꼭 필요한 영양분.

포식자　다른 동물이나 식물을 잡아먹는 동물.

ㅎ ~~~~~~

휴면 상태　식물의 생장과 움직임이 일시적으로 멈추는 상태. 많은 식물은 가뭄 등
스트레스 요인이 발생하면 휴면 상태로 빠져든다.

참고문헌

- 질리언 리처드슨, 유윤한 옮김, 《카카오가 세계 역사를 바꿨다고?: 작은 씨앗이 일으킨 커다란 변화10 Plants That Shook the World》, 베틀북, 2016.
- 토마스 파켄엄, 전영우 옮김, 《세계의 나무: 경이로운 대자연과의 만남Remarkable Trees of the World》, 넥서스, 2003.
- Attenborough, David. *The Private Lives of Plants*. Princeton, NJ: Princeton University Press, 1995.
- Capon, Brian. *Plant Survival: Adapting to a Hostile World.* Portland, OR: Timber, 1994.
- Geiling, Natasha. "Step Inside the World's Most Dangerous Garden (If You Dare)." *Smithsonian.com,* September 22, 2014. http://www.smithsonianmag.com/travel/step-inside-worlds-most-dangerous-garden-if-you-dare-180952635/?no-ist.
- Hallock, Thomas, and Nancy E. Hoffmann, eds. *William Bartram, The Search for Nature's Design: Selected Art, Letters, and Unpublished Writings.* Athens: University of Georgia Press, 2010.
- Heffernan, Sean. "Poems and Songs about Plants." *Ambius.com* (blog), December 31, 2014. http://www.ambius.com/blog/poems-and-songs-about-plants.
- Hugo, Nancy Ross. *Seeing Trees: Discover the Extraordinary Secrets of Everyday Trees.* Portland, OR: Timber, 2011.
- Johnson, Steve. "Winter Shriveling." *Cactiguide.com*, December 22, 2013. http://www.cactiguide.com/forum/viewtopic.php?f=2&t=32237.
- Kratz, Rene Fester. *Botany for Dummies.* Hoboken, NJ: John Wiley & Sons,

2011.

- "Laws and Regulations." *National Plant Board.* Accessed April 1, 2016. http://nationalplantboard.org/laws-and-regulations.
- "Lichens." Offwell Woodland & Wildlife Trust. Accessed April 1, 2016. http://www.countrysideinfo.co.uk/fungi/lichens.htm.
- Mathews, Kevin. "10 Incredible Plant Facts You Didn't Know." *EcoWatch,* December 31, 2013. http://ecowatch.com/2013/12/31/10-incredible-plant-facts.
- "Plants That Need Fire to Survive." *CreationRevolution.com*, June 29, 2012. http://creationrevolution.com/plants-that-need-fire-to-survive.
- "So These Actually Exist: Flowers That Look Like Something Else." MetaPicture, June 16, 2013. http://themetapicture.com/so-these-actually-exist-flowers-that-look-like-something-else.
- Talalaj, S., D. Talalaj, and J. Talalaj. *The Strangest Plants in the World.* Melbourne: Hill of Content, 1991.

더 찾아볼 정보

책

- 대니얼 샤모비츠, 이지윤 옮김, 《식물은 알고 있다: 보고, 냄새 맡고, 기억하는 식물의 감각 세계*What a Plant Knows: A Field Guide to the Senses*》, 다른, 2013.

- 마이클 폴란, 이경식 옮김, 《욕망하는 식물: 세상을 보는 식물의 시선*The Botany of Desire: A Plant's-Eye View of the World*》, 황소자리, 2007.

- 메러디스 세일스 휴스, 김효정 옮김, 《채식 대 육식: 지금처럼 먹어도 되는 걸까?*Plants vs. Meats: The Health, History, and Ethics of What We Eat*》, 다른, 2017.

- 페터 볼레벤, 장혜경 옮김, 《나무수업*The Hidden Life of Trees: What They Feel, How They Communicate; Discoveries from a Secret World*》, 이마, 2016.

- 호프 자런, 김희정 옮김, 《랩걸: 나무, 과학 그리고 사랑*Lab Girl*》, 알마, 2017.

- Baily, Tim, and Stewart McPherson. Dionaea: *The Venus's Flytrap*. Dorset, UK: Redfern Natural History Productions, 2013.

- Buchmann, Stephen. *The Reason for Flowers: Their History, Culture, Biology, and How They Change Our Lives*. New York: Scribner, 2015.

- Chalker-Scott, Linda. *How Plants Work: The Science behind the Amazing Things Plants Do*. Portland, OR: Timber, 2015.

- D'Amato, Peter. *The Savage Garden: Cultivating Carnivorous Plants*. Rev. ed. Berkeley, CA: Ten Speed, 2013.

- Largo, Michael. *The Big, Bad Book of Botany: The World's Most Fascinating Flora*. New York: William Morrow Paperbacks, 2014.

- Stewart, Amy. *Wicked Plants: The Weed That Killed Lincoln's Mother and Other Botanical Atrocities*. Chapel Hill, NC: Algonquin Books, 2009.

- Trewavas, Anthony. *Plant Behaviour and Intelligence*. Oxford: Oxford

University Press, 2014.

웹사이트

- 안위크 정원(독풀 정원)

  http://www.alnwickgarden.com/explore/whats-here/the-poison-garden

  영국의 안위크 정원에는 지구상에서 가장 위험하고 치명적인 식물들이 있습니다.

  웹사이트에서 더 자세한 정보를 확인할 수 있습니다.

- 국제육식식물협회

  http://www.carnivorousplants.org

  육식식물을 사랑하는 사람들이 만든 협회입니다. 웹사이트에서는 육식식물과 관련된

  정보를 제공합니다.

- 리톱스

  http://www.lithops.info/en/index.html

  흔히 '꽃 피우는 돌' 또는 '살아 있는 돌'이라고 불리는 식물 '리톱스'에 대해 소개하는

  웹사이트입니다. 리톱스의 사진과 키우는 법 등 더 많은 정보를 얻고 싶다면 방문해

  보세요.

- 기생식물

  http://botany.org/Parasitic_Plants

  미국식물협회Botanical Society of America에서 운영하는 웹사이트로, 기생식물에 대한

  정보를 얻을 수 있습니다.

- 스미스소니언 정원 난초 컬렉션

  http://gardens.si.edu/collections-research/orchid-collection.html

  난초 가운데 몇몇 종은 꽃가루 매개 곤충의 닮은꼴로 진화했습니다. 스미스소니언

  대학교에서 운영하는 이 웹사이트에서 놀랍고도 아름다운 난초의 세계를 탐험해

  보세요.

더 찾아볼 정보

- 육식식물 벌레잡이통풀

  https://www.youtube.com/watch?v=6bexB8kAfXE

  https://www.youtube.com/watch?v=B91njbu3ZOY

  원예가 브래드 테일러Brad Taylor가 촬영한 영상으로, 벌레잡이통풀이 곤충을
  사냥하고, 소화시키는 과정을 직접 볼 수 있습니다.

- 육식식물

  "고기 먹는 식물: 곤충을 유인하여 손아귀에 넣기까지."

  https://www.youtube.com/watch?v=MnY_cCRELvs

  바크로프트 TVBarcroft TV에서 촬영한 이 영상은 육식식물이 곤충을 포획하는
  장면을 보여 줍니다.

- 미모사

  https://www.youtube.com/watch?v=BLTcVNyOhUc

  이 영상은 미모사의 감촉성이 얼마나 예민한지를 보여 줍니다.

- 스쿼팅 오이

  http://www.arkive.org/squirting-cucumber/ecballium-elaterium/video-00.html

  와일드스크린 아카이브Wildscreen Arkive가 제공하는 이 영상에서는 스쿼팅 오이가
  씨앗을 폭발적으로 쏘아 올리는 모습을 확인할 수 있습니다.

- 〈식물이 말하는 것What Plants Talk About〉. DVD. Arlington, VA: PBS, 2013.

  이 영상은 미국 PBS 채널에서 방영한 다큐멘터리 〈자연Nature〉 시리즈 가운데
  한 편입니다. 식물이 중요한 자원을 확보하고, 포식자로부터 자신을 보호하며, 번식하기
  위해 어떤 식으로 의사소통을 하는지 소개해 줍니다.

찾아보기

사진 출처

- 8쪽, 11쪽 © Tim Gainey/Alamy

- 12쪽 © Kenny Williamson/Alamy

- 15쪽, 23쪽, 28쪽, 30쪽 © Laura Westlund/Independent Picture Service

- 19쪽 © iStockphoto.com/ooyoo

- 20쪽 © Rachel Carbonell/Alamy

- 25쪽 © Steve Hopkin/The Image Bank/Getty Images

- 27쪽 © David Curtis/Alamy

- 34쪽 Courtesy of the author

- 36쪽, 39쪽 © In Pictures Ltd./Corbis/Getty Images

- 40쪽 © John Plant/Alamy

- 45쪽 © Gerrit van Ommering/Minden Pictures

- 49쪽 © Neil Lucas/Minden Pictures

- 52쪽, 64쪽 © Bob Gibbons/Minden Pictures

- 55쪽 © Rafael Ben-Ari/Alamy

- 59쪽 © Chien Lee/Minden Pictures

- 60쪽 © MYN/John Tiddy/Minden Pictures

- 66쪽, 77쪽, 93쪽 © SuperStock

- 67쪽 © Jogchum Reitsma/Minden Pictures

- 69쪽 © David Cheshire/Alamy

- 75쪽 © Rick Strange/Alamy

- 79쪽 © Scott Leslie/Minden Pictures

- 82쪽, 92쪽 © Buiten-Beeld/Alamy

- 85쪽 © Gianpiero Ferrari/Minden Pictures

- 87쪽 © Steffen Hauser/botanikfoto/Alam

- 90쪽 © Science Photo Library/Alamy

- 95쪽 © iStockphoto.com/istock-dk

  © Krystyna Szulecka/Minden Pictures

- 97쪽 © blickwinkel/Alamy

- 103쪽 © Louise Murray/Visuals Unlimited, Inc.

- 104쪽 © Jeff Mondragon/Alamy

- 105쪽 © epa european pressphoto agency b.v./Alamy

- 106쪽 © giuseppe masc/Alamy

- 114쪽, 126쪽 © Louise Heusinkveld/Alamy

- 117쪽 © Don Johnston/All Canada Photos/Getty Images

- 119쪽 © Tierfotoagentur/Alamy

- 121쪽 © Cisca Castelijns/Minden Pictures

- 124쪽 © Organica/Alamy

- 127쪽 © ShutterStock

- 132쪽 © Sswartz/Dreamstime.com

- 135쪽 위 © DanitaDelimont/Alamy

  아래 © State of Minnesota, Department of Natural Resources

- 140쪽 © ETrayne04/Alamy

- 142쪽, 151쪽 © iStockphoto.com/JulianneGentry

- 144쪽 © Todd Strand/Independent Picture Service

- 148쪽 © Jonas Gratzer/LightRocke/Getty Images

- 152쪽 © ShutterStock

- 155쪽 © Wendy Stone/Corbis/Getty Images

다양하고 놀라운 식물의 생존 전략

수상한 식물들

초판 1쇄 발행   2017년 12월 20일

지은이   와일리 블레빈스
옮긴이   김정은

펴낸이   김한청
편집   김자영, 김지희
마케팅   최원준, 최지애, 설채린
디자인   김지혜

펴낸곳   도서출판 다른
출판등록   2004년 9월 2일 제2013-000194호
주소   서울시 마포구 동교로27길 3-12 N빌딩 3층
전화   02-3143-6478
팩스   02-3143-6479
블로그   blog.naver.com/darun_pub
트위터   @darunpub
페이스북   /darunpublishers
메일   khc15968@hanmail.net
ISBN   979-11-5633-183-4 43480